Falk-R. Siewert

Welsh Terrier

Falk-R. Siewert

Welsh Terrier

Praktische Ratschläge für Haltung, Pflege und Erziehung

2. neubearbeitete Auflage
mit 53 Abbildungen

NEUMANN-NEUDAMM

2. neuüberarbeitete Auflage

Schwalbenweg 1, 34212 Melsungen
Tel. 05661-9262-0, Fax 05661-9262-20
www.neumann-neudamm.de, info@neumann-neudamm.de

Printed in the European Community
Satz/Layout: J. Neuman-Neudamm AG
Titelfoto: Dietmar Mieth
Druck und Weiterverarbeitung: Himmer AG, Augsburg
Bildnachweis: S. 83 von Peter Boyks, S 21, 33 u. 49 von Dietmar Wieth, Zeichnung seite 112 stammt von Mariska Brinkmann, S 48 von Susan Paul, S 67 von Jutta Witte u. Seite 104 von W. Franke
Die übrigen Abbildungen stammen aus dem Argenturarchiv des Verfassers

ISBN 978-3-7888-1105-1

Vorwort

Eine der ältesten Terrierrassen der Welt ist der Welsh Terrier. Sie konnte sich schon immer eines großen Liebhaberkreises erfreuen, ohne jemals eine Moderasse geworden zu sein. Die mehr als 30 000 Welsh Terrier, die seit 1930 in das Zuchtbuch des Klubs für Terrier e. V. von 1894 (KfT) eingetragen wurden, sprechen da eine überzeugende Sprache. Von manchen Terrierenthusiasten werden sie auch als „kleine Airedale“ bezeichnet.

Zu danken ist diese erfreuliche Entwicklung dem temperamentvollen, fröhlichen, aufmerksamen und kinderlieben typischen Terrierwesen und nicht zuletzt den vielen kompetenten und engagierten Welsh Liebhabern.

In Deutschland verdienen Erich und Elfriede Braeckow sowie Otto und Edith Henze besondere Erwähnung, aber auch andere wie Karl Koppe aus Halle.

Besonders viel hat die Rasse dem langjährig wirkenden Rassebetreuer Rolf Wernicke zu verdanken, der sich in den letzten Jahrzehnten des vorigen Jahrhunderts bis zu seinem Tode besonders für die Popularität dieser Terrier eingesetzt hat. Zu seiner Zeit gab es pro Jahr über 800 Zuchtbucheinträge.

Die Ursprünglichkeit der Rasse wird heute und auch in Zukunft dazu beitragen, dass sich noch viele Liebhaber für die Welsh Terrier finden werden.

Ein paar Geschichten über meine Welsh Terrier und viele gut gemeinte Ratschläge sollen helfen, die Rasse besser zu verstehen und allen Liebhabern viele schöne Tage mit ihren Welsh Terriern zu bescheren.

Loni hieß eigentlich Lex-Lohengreen Siewert-Welsh. Er war ein schöner Vertreter seiner Rasse und mir sehr ans Herz gewachsen. Liebenwürdig war auch er mir sehr verbunden. Ich glaube, dass er ohne mich nicht glücklich war. Niemals wieder konnte ich zu einem Hund wieder eine so enge Beziehung aufbauen. Leider musste er mich viel zu früh verlassen. Mein Herz hängt immer noch an ihm.

Dieses Gefühl veranlasste mich dieses kleine Buch zu schreiben, um vielen die Rasse nahe zu bringen und Ihnen somit ähnlich schöne Erlebnisse mit einem Welsh Terrier zu bescheren. Welsh Terrier haben Ihre Liebe verdient.

Falk Siewert

Inhalt

Siewert-Welsh-Terrier

Einmal vor über 30 Jahren, ich hatte wirklich keine Vorstellungen von Hundehaltung, wollte ich mir gerne einen Hund kaufen. Ich kannte einen damals sehr berühmten Tierarzt, der Airedale Terrier züchtete und auch schon viele Preise und Siegertitel mit ihnen gewonnen hatte.
Aber die Rasse erschien mir wegen ihrer Größe nicht geheuer. Nicht schlimm, bedeute er mir. Es gibt ja die Welsh Terrier. Diese sehen wie Airedale Terrier aus, sind nur kleiner. Natürlich kannte er auch einen Züchter in der Nähe, der gerade Welpen hatte.
So bekam ich eine kleine Hündin und fuhr glücklich mit ihr nach Hause. Issy, so war ihr Name, schlief abends ruhig in meinem Pantoffel ein und auch ich ging beruhigt ins Bett.
Glücklich war aber der nächste Morgen nicht. Der Teppich war umgedreht und auch eine große Zimmerpflanze war vom Erdreich befreit und lag ohne Topf auf der Seite. Meine kleine Hündin aber war stolz und freute sich ihrer Taten.
So war des einen Schrecken, des anderen Freude. Ich wusste nichts über die Welsh Terrier, aber sie gefielen mir und der fröhlichen stolzen Issy konnte ich nicht lange böse sein.
Ich begann alles über Hunde und speziell über Welsh Terrier zu lesen, versuchte Erziehung und Abrichtung zur Jagd, aber irgendwie wurde es mit Issy nicht besser. Schließlich verkaufte ich sie und schaffte mir eine schon ausgebildete Hündin an, mit der ich mehr Glück hatte und von der ich auch meine ersten Welpen bekam. Damit hatte ich aber schon wieder neue Probleme.
Heute glaube ich, dass ich von einem Welsh Terrier alles verlangen kann, wenn ich nur sein Herz gewinne.

Ursprung und Entwicklung der Rasse

So wie diese kleine Geschichte, ist auch der Ursprung der Rasse nur eine Geschichte.

Die landschaftlich sehr schöne, im Westen Großbritanniens gelegene Halbinsel Wales mit ihren Bergen und versteckten Tälern ist die Heimat der Welsh Terrier. Diese Gegend war früher nur sehr schwer zugänglich und so blieben auch die dort gehaltenen Hundearten weitgehend von anderen Rassen unbeeinflusst. Ihre Geschichte ist deswegen auch so interessant, weil sie ebenso wie der Volksstamm der Waliser in typischer Weise britisches Blut repräsentieren.

Die Welsh Terrier wurden von den meisten frühen Autoren englischer Welsh-Terrier-Literatur auch als älteste britische Terrierart angesprochen. Wie dem auch sei, es handelt sich um eine uralte Terrierrasse, wenn nicht um die älteste hochläufige Terrierrasse überhaupt. Das ist für echte Welsh-

Welsh Terrier, eine Zeichnung von Maud Earl, Ende des 19. Jahrhunderts

Terrier-Liebhaber interessant und aufregend zugleich.
Von Rassehistorikern wird auf das Jahr 942 verwiesen, als Hywel, „der Gute“, König von Wales wurde. Er hinterließ eine der ältesten britischen Gesetzessammlungen. Obwohl darin mehrere Hunderassen erwähnt wurden, wird ein Terrier nicht beschrieben. Sicher aber wird es damals schon Terrier gegeben haben, denn wie sonst hätte man Biber und Hermelin jagen sollen, brauchte man doch deren Pelze für die königlichen Gewänder.
In mittelalterlichen Versen taucht dann bereits der ursprüngliche Name des Welsh Terriers, Daeargi, auf. Beispielsweise in folgendem Vers von 1450, der walisisch verfasst wurde:

Urddasol ffon im eoesoch-a
gast dda,
Daeargast ddu dorgoch,
T dagu'r ffwlbart dugoch,
Ac i ewy go'r cachio coch.

Für mich liegt der Sinn in folgender Deutung:

Du gabst mir einen würdigen Helfer,
eine schwarze Welsh-Terrier-
Hündin mit rotem Bauch,
um den braunen Iltis zu töten
und den Rotfuchs zu reißen.

Um 1760 wurden in dem Buch „Field and Sports“ zwei Terrierarten recht ausführlich beschrieben.
Eine Form war rauhaarig, kurzbeinig und im Rücken lang mit schwarz-gelbem, weiß untermischtem Haarkleid, von starkem Körperbau, aber recht grob.
Die andere Form braunrot oder schwarz mit lohfarbenen Läufen, kürzer im Kopf und formschöner, von temperamentvollerem Wesen als die erste.

Schwarz-roter englischer Terrier, Stich nach einem Gemälde von Wilde (1806)

Beide Arten wurden zur Jagd auf Fuchs und Dachs verwendet.
Der auf dem Bild von Wilde aus dem Jahre 1806 dargestellte Terrier ist solch ein schwarz-lohfarbener Terrier, der dem Typ der Vorfahren unserer heutigen Welsh Terrier sehr nahe kommt.
Zu dieser Zeit gab es noch keine Aufzeichnungen oder gar Ahnentafeln von diesen frühen Welsh Terriern. Sie waren aber zu dieser Zeit und in dieser Gegend sehr beliebt und überall bekannt. Es soll auch heute noch Leute in Wales geben, in deren Familien Welsh Terrier seit zweihundert und noch mehr Jahren gehalten und gezüchtet werden. Nach zuverlässigen Berichten züchtete zum Beispiel eine Familie Jones um das Jahr 1760 in Ynysfor Welsh Terrier.
In den ersten Jahren des 19. Jahrhunderts gab es mehrere Welsh-Terrier-Meuten in Nord- und Mittelwales. So zum Beispiel eine Meute im Sennybridge Distrikt, die als Aberllechmeute bekannt wurde und die, wie alle Fox- und Otterhoundmeuten, für Jagdzwecke gut war. Niemand kannte damals furchtlosere und bessere Jagdterrier beim Ausgraben von Fuchs und Dachs.
Wenn bis dahin auch vieles mehr oder weniger im Dunkeln lag, verbesserte sich jetzt die Infrastruktur, diese Hunde wurden bekannter und ungefähr

um 1850 begann mit den privaten Aufzeichnungen eines Sattlers namens Jones aus der Stadt Pwllheli im Norden von Wales die Anfänge einer planvollen Zucht der Rasse. Er legte mit diesen Aufzeichnungen, die 1913 veröffentlicht wurden, wohl das erste Zuchtbuch für Welsh Terrier an.
Was damals zählte, war nicht das äußere Erscheinungsbild des Welsh Terriers, sondern Härte im Kampf, Wetterfestigkeit und ein großer Arbeitswille. Deshalb ist es nicht sehr verwunderlich, dass dieser „Arbeitsterrier" als Rasse in jener Zeit oft gar nicht erwähnt wurde. Obwohl er überall bekannt war, hielten ihn viele für einen Mischling, einen „House cur" (Köter). So wie heute war damals seine Farbe „Black and Tan", aber er hatte schwere, runde Ohren, helle Augen, einen gewölbten Oberkopf, steile Schulter- und Hinterhandwinkelungen sowie einen gerundeten Rücken.
Oft wird hinsichtlich der Entwicklung der Rasse auf den „Old English Black and Tan Terrier" verwiesen, der aber - bei aller Ähnlichkeit mit dem Welsh Terrier - gefälliger und eleganter wirkte. Dieser konnte sich im Gegensatz zum Welsh Terrier erwiesenermaßen nicht durchsetzen, da er nicht die Fähigkeit besaß, sich rein zu vererben. Sicher gab es eine zu nahe Verwandtschaft zu Airedale Terriern.
In diesen frühen Zeiten der Welsh-Terrier-Zucht gab es immer wieder heftigen Streit darüber, ob nicht der Welsh Terrier und der „Old English Black and Tan Terrier" eventuell doch ein und dieselbe Rasse seien, was von den großen Welsh-Kennern des vergangenen Jahrhunderts jedoch eindeutig bestritten wurde.
1884 erschienen die ersten Welsh Terrier auf Ausstellungen, damals noch zusammen mit dem „Old English Black and Tan Terrier" in gemeinsamen Klassen.
Als 1885 der Welsh-Terrier-Club gegründet wurde und der britische Kennel-Club im folgenden Jahr die Rasse anerkannte, gab es immer noch keine richtige Zuordnung der Hunde zu den einzelnen Rassen. Mit der Folge, dass zum Beispiel ein Terrier mit dem Namen Dick Turpin Ende der 80er bzw. Anfang der 90er Jahre des 19. Jahrhunderts von seinen Besitzern sowohl als „Old English Black and Tan Terrier" als auch zeitweise als Welsh Terrier gehalten und auf „Dogshows" gezeigt wurde, und bei beiden Rassen Preise gewann.

Zwingergenossen, ein Gemälde von John Emms (1843-1912)

Den ständigen Streit der Anhänger beider Rassen gewannen schließlich die Welsh-Terrier-Leute, denn der britische Kennel-Club verweigerte dem „Old English Black and Tan Terrier“ in der Folgezeit die offizielle Anerkennung als Rasse. Daraufhin sank das Interesse und die Rasse hörte allmählich auf zu existieren.

Der Siegeszug der Welsh Terrier konnte beginnen. Schon vorher war die Rasse aber intensiv ausgestellt worden. In Orten wie Caernarvon, Pwllheli und Bangor in Nordwales wurden Ausstellungen auf privater Basis abgehalten.

In Pwllheli z.B. wurden bereits 1885 in drei Klassen je 30 Welsh Terrier gezeigt. Zwei jagderfahrene walisische Gutsherren, beide „Master of Hounds“, die über viele Jahre hinweg Welsh Terrier gehalten hatten, also absolute Experten, richteten die Hunde.

Gerichtet wurde wie auf einer Viehauktion. Die Herren Richter ließen sich die Hunde einzeln vorführen, ohne sich auch nur aus ihren Stühlen zu erheben oder die Hunde anzufassen.

Wie zu lesen ist, fand ihr Urteil aber wohl trotzdem allgemeine Zustimmung, denn alle Teilnehmer sollen froh nach Hause gegangen sein.

Liebenswerte Geschichten und Berichte über diese Zeit, über erste Champions und Rassevorbilder weisen immer wieder den Weg nach Pwllheli und dessen walisische Umgebung. Denn hier soll die Wiege berühmter Welsh Terrier, wie Badger und Dim Saesonaeg, gestanden haben.

1892 konnte ein Sohn von Champion Dim Saesonaeg, der Champion Cymroo Gyry, von John Mitchell 1891 gezüchtet, überall überzeugen und viele Siege erringen. Weiterhin wurden die Welsh Terrier Champion Resiant, Champion Brynhir Burner, Champion Just in Time, Bangor Danlliw und Champion Senny Cracker weithin berühmt.

Diese Hunde sind mit Sicherheit als direkte Vorfahren unserer heutigen Welsh Terrier in jedem Stammbaum zu entdecken, wenn man nur weit genug zurückgeht.

Die Gründer des Welsh-Terrier-Clubs legten damals einen Rassestandard fest. Damit war ein tragfähiges kynologisches Fundament für die Rasse festgeschrieben. Er hat sich nach über 100 Jahren planvoller Zucht als gute Basis erwiesen.

Eine Meute aus dem „Brynhir"-Zwinger von Walter S. Glynn

Das ist auch ein Zeichen dafür, dass diese Herren die Rasse über lange Zeit gut beobachtet hatten und genau wussten, was in diesen kleinen Terriern steckte.
Der damals veröffentlichte Rassestandard wurde bisher nur einmal wesentlich, nämlich hinsichtlich der Größe des Welsh Terriers, verändert.
Zehn Jahre nach Anerkennung der Rasse durch den britischen Kennel-Club, schrieb man über sie: „Es sind schöne normale Hunde von lebhaftem Temperament und gutem Charakter, stark und kräftig, sowohl sehr gut als Haus-, Stall-, Wach- und Begleithund zu halten. Sie sind sehr scharf und gute Raubzeugwürger."
Um 1900 und nach dem 1. Weltkrieg war Walter S. Glynn einer der bedeutendsten Welsh-Terrier-Züchter in England. Er hatte bis 1913 schon 116 Eintragungen in das Zuchtbuch machen lassen und wird heute als der „Architekt" des Welsh Terriers bezeichnet. Er konnte in seinem Zwinger „Brynhir" mehr Champions züchten, als jeder andere vor ihm. Walter S. Glynn starb 1933. Mit seinen Hunden und seinem Beitrag zu Harding Cox' berühmtem Buch „Dogs by wellknown Authorities" (1906) hat er sich selbst ein Denkmal gesetzt.
Züchterpersönlichkeiten wie T. H. Harris, der den Zwinger „Senny" besaß und Sekretär des Welsh-Terrier-Clubs und später auch der 1923 gegründeten Welsh-Terrier-Association war und über 60 Jahre züchtete, oder das Gründungsmitglied des Welsh-Terrier-Clubs Cledwyn Owen aus Pwllheli,

Welsh Terrier: Zeichnung von Mariska Brinkmann

der die Abstammung jedes Hundes seiner Stadt gekannt haben soll und von dem W. S. Glynn seine erste Welsh-Terrier-Hündin bekam, sowie auch W. A. Dew trugen damals dazu bei, dass aus den ersten Champions der Rasse typische Welsh Terrier herausgezüchtet wurden, die dem damaligen Zeitgeist entsprachen.

Sehr früh kam der Welsh Terrier nach Amerika und nach Holland. Mitte der 20er Jahre waren dann Welsh Terrier auch in Deutschland zu sehen.

Erst einmal bei uns auf Ausstellungen gezeigt, fanden sie sehr schnell viele Anhänger, und seit 1930 wird die Rasse auch vom „Klub für Terrier von 1894 e. V.“ betreut.

Viele Liebhaber der Rasse machten sich durch Importe aus dem Mutterland der Rasse um die Welsh Terrier in Deutschland verdient.

Dem Talent und dem Sachverstand des bekannten Welsh-Kenners Erich Braeckow war es zu verdanken, dass so hervorragende Hunde, wie z. B. der Welt und Reichssieger 1934, der internationale Champion Senny Spinner, nach Deutschland kamen.

Durch den 2. Weltkrieg erlitt die deutsche Welsh-Terrier-Zucht einen schweren Rückschlag. Es gab nur wenige, die ihre Hunde retten konnten. In den schweren Nachkriegsjahren konnten deutsche Züchter lange mit dem internationalen Zuchtgeschehen nicht mithalten.

Wiederum war es Erich Braeckow, der 1954 den auch heute noch bekannten Rüden Caiach-Revelation nach Deutschland holte; dieser war ein besserer, modernerer Typ als der bisherige deutsche Welsh Terrier. Braeckow hatte schon ein paar Jahre zuvor den englischen Rüden Felstead Fusselier, den der Holländer Franz Herkens Thijssen importiert hatte, als modernen Welsh Terrier erkannt und in Deutschland bekannt gemacht. Diese und auch andere englische Importe taten der Welsh-Terrier-Zucht sehr gut.

Kluge deutsche Züchter konnten daraufhin bald selbst sehr schöne, elegante Welsh Terrier auf Ausstellungen zeigen. Trotzdem bestand auch in den folgenden Jahren für viele immer wieder der Reiz, in England Welsh Terrier zu kaufen und in Deutschland zu zeigen. Immer war das Bemühen zu erkennen, den Welsh Terrier im Typ zu verbessern.

Durch Importe wurde auch Frau Lore Eggerking (Zwinger „aus der

Bauernhöhle") bekannt. Sie konnte mit diesen, wie auch mit eigener Nachzucht sehr oft auf Ausstellungen überzeugen. Manche Züchter liebäugelten bei ihren züchterischen Bemühungen auch mit anderen Rassen. Sicher konnte auch dadurch in der Rasseentwicklung, hinsichtlich Anatomie und Eleganz, etwas bewegt werden. Glücklicherweise siegten am Ende doch immer wieder die typischen Welsh-Terrier-Kennzeichen.
Heute steht die Welsh-Terrier-Zucht in Deutschland insgesamt auf einem hohen Niveau, und manch erfahrener deutscher Züchter kann Europa- und Weltsieger sowie Internationale Champions sein eigen nennen. Nicht zuletzt ist das dem Wirken des leider schon verstorbenen langjährigen Rassebetreuers Rolf Wernicke zu danken.
Im Klub für Terrier von 1894 e.V. werden jährlich ca. 500 Welsh-Terrier-Welpen registriert. Das zeugt von einer erfreulichen Entwicklung der Rasse und ihrer Popularität und ist ein beredtes Zeugnis der erfolgreichen Anstrengungen aller deutschen Züchter und ihrer Bereitschaft, sich den Tendenzen der Rasseentwicklung auch international nicht zu verschließen und eine echte Zusammenarbeit auf kynologischem Gebiet zu pflegen. So ist es denn eine große Freude für Welsh-Enthusiasten, wenn auf Cruft's, der größten Hundeausstellung Englands, ein Welsh Terrier bester Hund der Ausstellung (Best in Show) wird.
Das war schon viermal der Fall: Nach 1951 als Twynstar Dyma Fi siegte, gewann 1959 Ch. Sandstorm Saracen, 1994 gelang dieser Sieg Ch. Purston Hit and Miss from Brocolitia und 1998 wurde Saredon Forever Young Cruft's Winner.

Charakter und Eigenschaften

Ein Welsh Terrier war und ist immer etwas Besonderes. Seine Liebhaber wissen vor allem seinen guten Charakter und sein fröhliches Wesen zu schätzen. Stolz wie die Waliser, aus deren Händen dieser Terrier einmal zu uns gekommen ist, repräsentiert er sich uns in seinen traditionellen Farben black and tan.

Arthur Wardle:
Kopfstudie eines Welsh Terriers

Sein Selbstbewusstsein zeigt er uns durch die immer interessierte Haltung seiner kleinen V-förmig nach vorn fallenden Ohren, den scharfen Blick seiner dunklen Augen und durch die aufrechte, oft aber auch fröhliche Haltung seiner Rute.

So ist er in der Familie auch immer im Brennpunkt des Geschehens zu finden und zeigt eine katzenhafte Neugier an allem, was gerade passiert. Hier muss man aufpassen, denn wenn nichts los ist, übernimmt er schon

Welsh Terrier im Gelände, ein Gemälde von Maud Earl

mal die Initiative, wie ich in meiner kleinen Geschichte über Issy schon erzählt habe. Sicherlich kein Wunder, denn er wurde einmal für die Jagd gezüchtet. Bewegung und Tatendrang stecken ihm im Blut.

Gleichzeitig braucht er aber auch Geselligkeit und immer neue Erlebnisse, so wie er es in einer Hundemeute, für die er eigentlich bestimmt ist, auch erleben würde. Wenn man seine ursprüngliche Bestimmung kennt und weiß, dass auch über die vielen Jahrzehnte seiner Entwicklung hinweg seine ursprünglichen Eigenschaften erhalten wurden, dann weiß man auch, dass ein Welsh Terrier nicht streitsüchtig ist. Er fügt sich überall gut ein und liebt die Geselligkeit mit Menschen ebenso wie mit seinen Artgenossen. Sein stolzes Wesen erlaubt es ihm jedoch nicht, jede Herausforderung ungestraft hinzunehmen. Respekt kann er sich jederzeit verschaffen, denn er ist ebenso hart im Nehmen wie im Austeilen. Weil er diesen Tatendrang, ein großes Bewegungstalent und die Freude an Geselligkeit in sich vereint, ist er ein idealer Spielgefährte für Kinder, ein guter Familienhund.

In Wales fand der Welsh Terrier zu allen Zeiten seiner rassegeschichtlichen Entwicklung die Bedingungen, die er zur Herausbildung seines sympa-

thischen Charakters brauchte. Er war schneidig, zu jeglicher Arbeit bestens geeignet, scharf gegen alles Raubzeug und Ungeziefer, wachsam im Haus und nicht ganz ohne Schärfe gegen Fremde. Er arbeitete entschlossen, war tollkühn und lebhaft. Jäger schwärmten zu jeder Zeit von vielen Siegen der Welsh Terrier über Fuchs und Dachs, vom ruhigen, sicheren Nachsuchen und guter Stöberarbeit im Unterholz und im Wasser. Manche Welsh Terrier waren auch spur- bzw. sichtlaut.
Immer wieder zeichnete er sich durch hohe Intelligenz bei der Arbeit aus. Auf Bauernhöfen und in Siedlungen war er früher schon ein sehr fleißiger Vernichter von Ratten und anderen Schädlingen.

So sieht eine hübsche Hündin aus

Wenn viele Welsh-Terrier-Freunde heute auch nicht mehr zur Jagd gehen, so werden sie doch, wie auch ihr Welsh Terrier, eine große Verbundenheit zur Natur besitzen und die absolute Geländetauglichkeit ihres Welsh Terriers schätzen. Er liebt es im Gelände herumzustöbern, unwegsames Gelände zu erkunden und im Wald alle Löcher zu untersuchen. Abenteuer und viel Bewegung, Beutemachen und die Anerkennung seiner Taten sind Balsam für die Seele des Welsh Terriers. So behandelt, kann der Welsh Terrier die ständige Gratwanderung zwischen Tatendrang und Anpassung gut verkraften.
Er braucht eine gute Erziehung und muss jederzeit seine Grenzen gezeigt bekommen. Dadurch findet er sehr schnell seinen Platz in der Familie und kann bei artgerechter Haltung sehr alt werden. Freude mit und durch den Welsh Terrier zu haben heißt, seine ursprüngliche Bestimmung zu kennen und seine Bedürfnisse und Fähigkeiten für heutige Gegebenheiten zu nutzen. Wenn der Welsh Terrier auch manchmal etwas launisch ist, weil vielleicht etwas nicht nach seinem Kopf ging, ist er doch immer wieder schnell für neue Dinge zu begeistern. Er ist gehorsam und sehr leichtführig. Der Drang, immer etwas Neues zu erleben, ist wohl auch die Ursache dafür, dass Welsh Terrier sehr gerne Auto fahren.
Seine Anpassungsfähigkeit an alle neuen Lebensumstände gestattet es, mit ihm auch problemlos Hotels und Gaststätten zu besuchen. Der Welsh Terrier, allseits beliebt, ist ein vortrefflicher Hund, der nichts von der Urwüchsigkeit seines Wesens verloren hat, und es bleibt zu hoffen, dass sich auch in Zukunft nichts daran ändert.

Rassestandard des Welsh Terriers

Einführung

Rassestandards sind die möglichst eindeutige und umfassende Beschreibung der Körper- und Wesensmerkmale, die das vollkommene Rassetier aufweisen muss.

Nach den Bestimmungen der Federation Cynologique Internationale (FCI), der internationalen Dachorganisation des Hundewesens, werden Rassestandards vom Ursprungsland der Rasse festgelegt. Das Ursprungsland der Rasse im Sinne der FCI ist Großbritannien. Der gültige Rassestandard des Welsh Terriers ist der des Britischen Kennel-Clubs.
Er schreibt als FCI-Standard Nr. 78 in seiner gültigen, bei der FCI hinterlegten deutschen Fassung folgendes vor:

Rassestandard

Allgemeines Erscheinungsbild. Forsch, geschickt, ausgewogen und kompakt.

Charakteristika. Anhänglich, gehorsam und leichtführig.

Welsh Terrier um die Jahrhundertwende, Zeichnung von Arthur Wardle

Rüde von vorzüglichem Typ

Wesen. Fröhlich und launig, selten tonscheuer Natur. Unerschrocken und furchtlos, jedoch keinesfalls aggressiv, obwohl er sich jederzeit, wenn nötig, behaupten kann.

Kopf und Schädel. Flach, mäßig breit zwischen den Ohren. Kiefer kraftvoll, klar umrissen, ziemlich tief, deuten die Fähigkeit zum Zupacken an. Stop nicht zu deutlich, mittlere Länge vom Stop bis zur Nasenspitze, Nase schwarz.

Augen. Klein, gut eingesetzt, dunkel, der Ausdruck spiegelt die Wesensverfassung wider. Runde, große Augen unerwünscht.

Ohren. V-förmig, klein, nicht zu dünnes Ohrleder, ziemlich hoch angesetzt, nach vorn gefaltet direkt an den Wangen anliegend getragen.

Gebiss. Kräftiger Kiefer mit einem perfekten regelmäßigen Scherengebiss, wobei die obere Schneidezahnreihe ohne Zwischenraum über die untere greift und die Zähne senkrecht im Kiefer stehen.

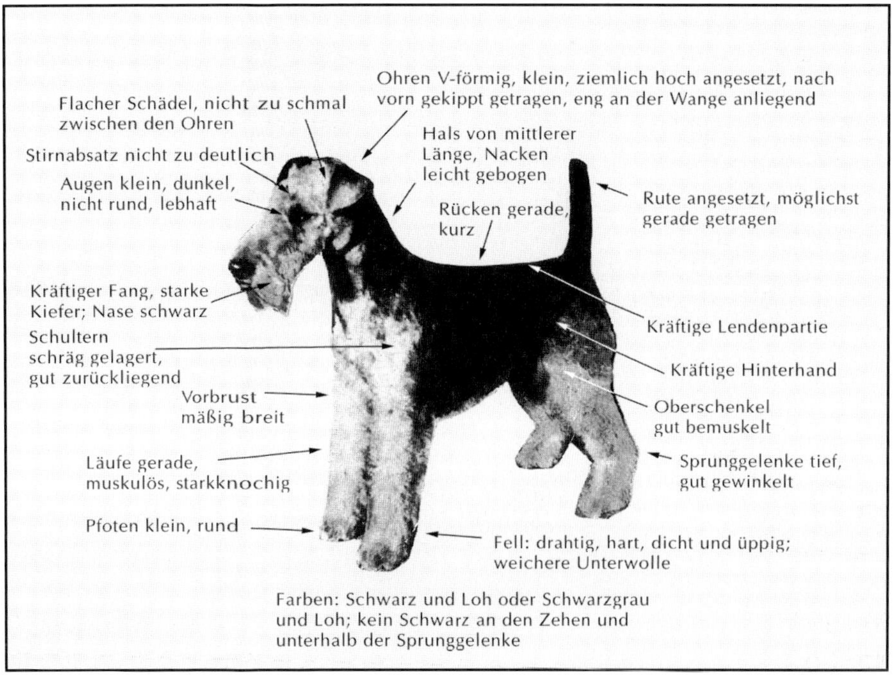

Hals. Mäßig lang und mäßig dick, leicht gebogen anmutig in die Schulter übergehend.

Vorhand. Schulterblätter lang, schräg und gut zurückgelagert. Vorderläufe gerade und muskulös, mit reichlich Knochenstärke ausgestattet, mit aufrechtem, kraftvollem Vordermittelfuß.

Körper. Kurzer Rücken mit weit nach hinten reichenden Rippen, kräftige Lendenpartie, gute Brusttiefe, angemessene Brustbreite.

Hinterhand. Kräftig, muskulöse Oberschenkel, von guter Länge, Sprunggelenke gut gewinkelt und tiefstehend, genügend starke Knochen.

Pfoten. Kleine, runde Katzenpfoten.

Rute. Korrekt angesetzt, jedoch nicht zu lustig getragen.

Gangart/Bewegung. Vorderläufe und Hinterläufe werden gerade und parallel nach vorne bewegt. Die Ellenbogen bewegen sich parallel und frei zu den Körperseiten, die Kniegelenke werden weder nach innen noch nach außen gedreht.

Top-Hündin

Haarkleid. Drahtig, hart, sehr dicht und reichlich vorhanden. Einfaches Haarkleid (ohne Unterwolle) unerwünscht.

Farbe. Vorzugsweise schwarz mit loh, oder „grizzle" mit loh, dabei frei von schwarzen Markierungen an den Zehen. Schwarz unterhalb der Sprunggelenke ist höchst unerwünscht.

Größe/Gewicht. Schulterhöhe nicht über 39 cm, Gewicht zwischen 9 und 9,5 kg.

Fehler. Jede Abweichung von den vorgenannten Punkten sollte als Fehler angesehen werden, dessen Bewertung im genauen Verhältnis zum Grad der Abweichung stehen sollte.

Anmerkung. Rüden sollten zwei offensichtlich normal entwickelte Hoden aufweisen, die sich vollständig im Skrotum befinden.

Interpretation des Rassestandards

Mit dem Rassestandard für Welsh Terrier wurden Normen gesetzt. Diese sind allgemein gültig und nur zum Teil konkret. Sie bedürfen deshalb einer Interpretation, um für jedermann verständlich zu sein. Der Standard ist durch seine Festlegungen Leitlinie für die Zucht und Maßstab für die Bewertung der Welsh Terrier auf jeder Zuchtveranstaltung und Ausstellung durch die Zuchtrichter. Vor weit mehr als 100 Jahren von erfahrenen Welsh-Terrier-Leuten in Wales erarbeitet, ist er immer noch gültig.
Die Rasse wurde durch mannigfaltige Zuchtmaßnahmen im Aussehen sehr verändert. Der Welsh Terrier ist heute nicht mehr der frühere Arbeitsterrier, sondern ein eleganter, sportlicher Terrier, er hat aber durch das Festhalten verantwortungsvoller Züchter am gültigen Rassestandard seinen „Typ" behalten können.
Die Erklärung liegt darin, dass auch bei unterschiedlicher Auslegung einzelner Standardpunkte und deren mehr oder weniger starken Beachtung zu jeder Zeit Entwicklungstendenzen der Rasse erkennbar und beeinflussbar waren. Erläuterungen des Standards helfen allen Rasseinteressierten, den Welsh Terrier besser zu verstehen. Durch die Beachtung dieser Grundsätze hat das Aussehen des Welsh Terriers und sein freundliches Wesen immer und zu jederzeit dem ursprünglich gewollten Typ entsprochen.

Allgemeine Erscheinung

Der Welsh Terrier präsentiert sich in seinem Erscheinungsbild als ein kräftiger, kompakter Hund mit einem forschem Terrierausdruck, der seinem Wesen entspricht.
Er kann sich geschickt, schnell und harmonisch bewegen. Er ist immer fröhlich, an Geselligkeit interessiert, aber auch furchtlos, wenn er seine Stellung behaupten muss.
Den typischen Welsh-Terrier-Ausdruck bekommt er durch Form und Farbe seiner Augen, die Haltung seiner Ohren und durch die aufrecht oder leicht fröhlich getragene Rute.
Der Welsh Terrier, einmal für die Jagd und die Haltung in Hundemeuten gezüchtet, hat ein drahtiges hartes Haar mit dichter Unterwolle, um allen Witterungsunbilden zu widerstehen. Die schwarze Decke und die Lohfarbe an Läufen und Kopf hinterlassen einen sympathischen Eindruck.
Das kompakte Erscheinungsbild als Allgemeineindruck wird durch gerade Linien und die Ausgewogenheit aller Standardpunkte erreicht. Diese Ausgewogenheit, die zur Harmonie des Erscheinungsbildes führt, ist viel wichtiger als ein einzelner hervorzuhebender Punkt des Hundes. Zu dieser Harmonie gehört auch, dass Unterschiede zwischen Rüde und Hündin durch die Gesamterscheinung erkannt werden können, denn das ist sehr wichtig für das Rassebild insgesamt.
Der Standard sagt allerdings nichts darüber, aber es ist durchaus sympathisch, wenn Rüden schon an ihrer Erscheinung erkannt werden können. So ist auch der so oft hervorgehobene kurze Rücken nicht sehr bedeutungsvoll, wenn der betreffende Welsh Terrier dadurch nicht mehr frei und kraftvoll laufen kann.
Wo immer ein Welsh Terrier mit Artgenossen zusammentrifft, im Ausstellungsring oder im Gelände, muss er sich friedlich verhalten, an allem großes Interesse zeigen und nicht mit anderen Hunden streiten, kläffen oder gar beißen. Ein scheuer oder gar ängstlicher Welsh Terrier, der seine Rute beim Zusammentreffen mit anderen Hunden klemmt und seine Ohren aufgeregt oder ängstlich nach hinten bewegt, ist kein typischer

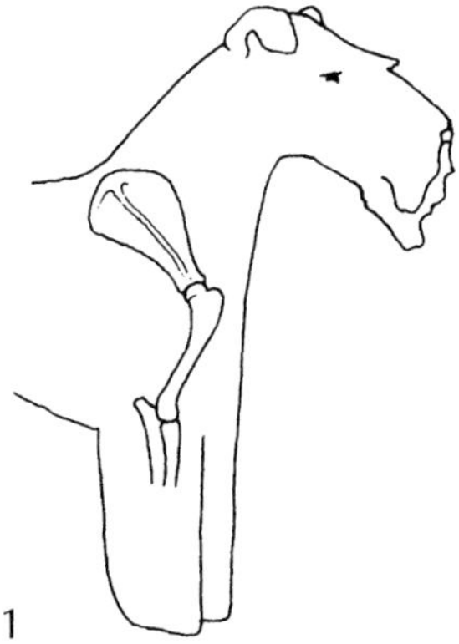
1

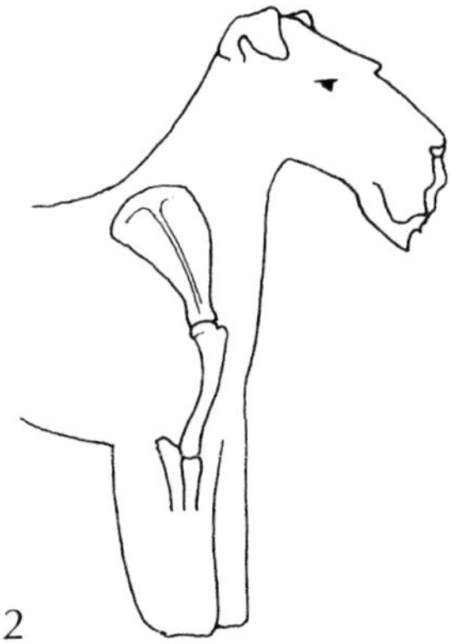
2

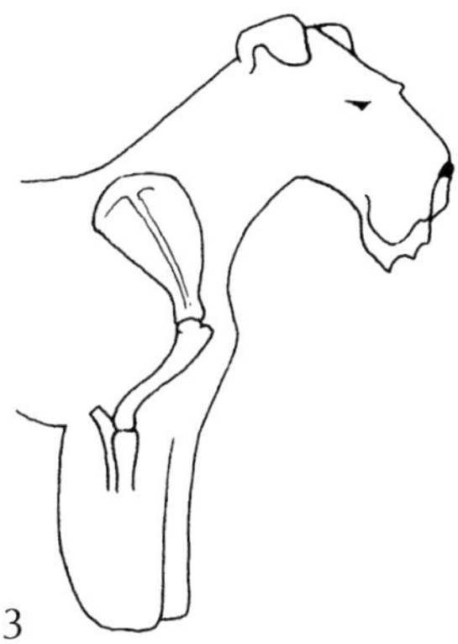
3

4

5

6

7

8

Front (stehend)

1 Korrekt

2 Schultern und Oberarm (humerus) fehlt Winkelung

3 Schultern steif, Oberarm überwinkelt. (Hühnerbrust, Kopf und Hals sind nach vorne geschoben)

4 Korrekt

5 Überladen in den Schultern, zu weit

6 X-beinig, oft Zehen nach außen, Ellenbogen nach innen gedrückt

7 Zu schmal, es fehlt Vorbrust und Substanz

8 O-beinig, oft Zehen nach innen, Ellen bogen nach außen

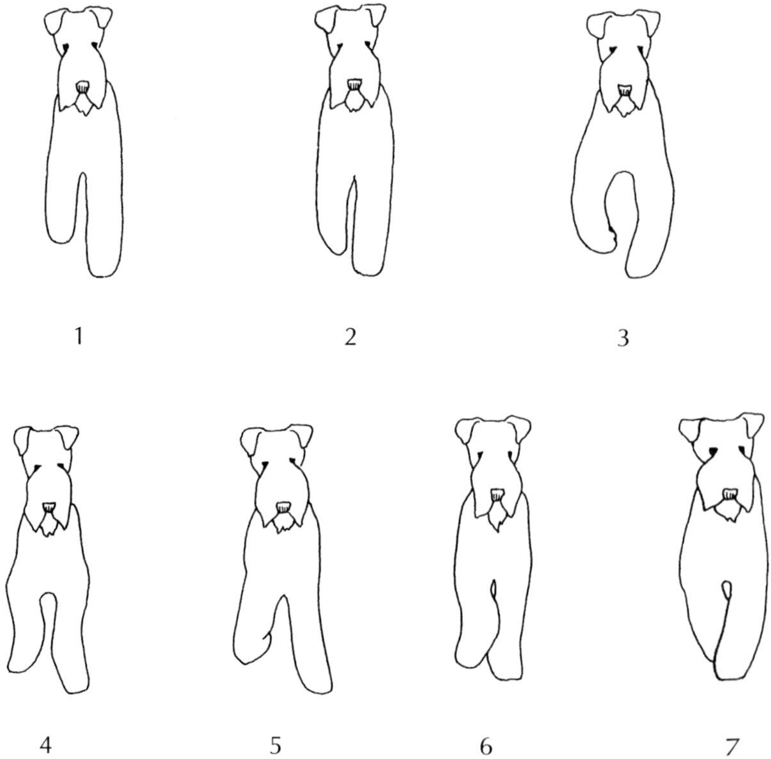

Vorhandbewegung

1 Korrekt. Bewegung auf parallelen Ebenen, weder nach innen oder außen tretend, Ellenbogen dicht am Körper

2 Korrekt. Wenn der Hund schneller wird, besteht die Tendenz, eine Mittellinie anzustreben - kein Schnüren (siehe 7)

3 Zu weit, O-beinig

4 „Weben“, lose Ellbogen, Zehen nach außen tretend

5 Ellbogen liegen fest an, Pfoten werden nach außen geworfen, „Paddeln“

6 Zehen nach außen tretend - schmale Front

7 Schnüren

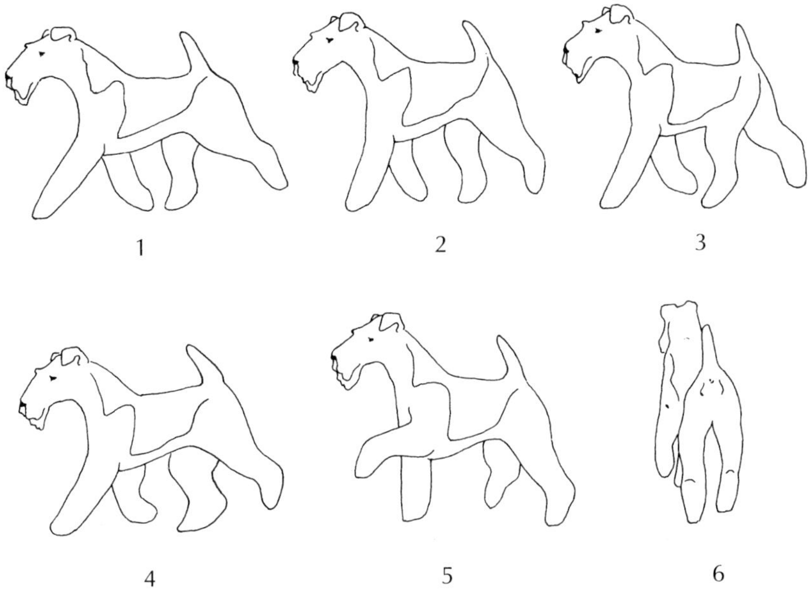

Gangwerk

Das Gangwerk ist flüssig, frei und mühelos mit gutem Vortritt der Vorhand und kräftigem Schub der Hinterhand, mit der natürlichen Tendenz, die Pfoten bei höherer Geschwindigkeit nah an eine Mittellinie zu setzen.

1 Korrekt. Guter Vortritt und Schub ohne Beeinträchtigungen

2 Abgehackte, kurze Schritte, fehlende Wirkung vorne und hinten

3 Paß

4 Hinten überwinkelt, schleift mit Oberseite des Hinterfußes über den Boden, er scheint bergab zu laufen. Verursacht durch Überwinkelung der Hinterhand und steile Front.

5 Hackney-Gangwerk. Stoziert, nicht leistungsfähige Bewegung, nicht bodendeckend

6 Seitwärts drehende Bewegung

Rassevertreter, auch wenn er noch so schön ist. Der Welsh Terrier zeigt sich vielmehr selbstsicher, lässt sich leicht führen und hat Freude an jeglicher Arbeit.

Gangwerk

Der Welsh Terrier bewegt sich frei und mühelos mit gutem Vortritt der Vorderhand und mit kräftigem Schub aus der Hinterhand.
Durch gerade Vorderläufe, lange Schulterblätter, die gut zurückgelagert sind, und eine kräftige, gut gewinkelte Hinterhand mit tiefstehenden Sprunggelenken, bringt er dafür die anatomischen Voraussetzungen mit.
Die Läufe bewegen sich gerade und parallel, wobei bei höherer Laufgeschwindigkeit eine Tendenz erkannt werden kann, die Pfoten auf eine gedachte Mittellinie zu setzen. Richtige Winkelverhältnisse der Gelenke in Vorhand und Hinterhand sind notwendig, damit der Welsh Terrier sich wie beschrieben bewegen kann. Andernfalls wirkt die Bewegung abgehackt.

Kopf

Im Standard ist der Kopf einigermaßen verständlich beschrieben und deutet die Wichtigkeit kräftiger Kiefer an, die für die Arbeit unerlässlich sind.
Mit dieser Beschreibung wird deutlich, dass der Kopf eines Welsh Terriers unverwechselbar ist und nichts gemeinsam hat mit den Köpfen einer anderen Rasse.
Der Kopf des Welsh-Terrier-Rüden ist kräftiger und länger als der einer Hündin, passend zu seinem Exterieur. Der feinere, oft kürzere Kopf der Hündin verleiht ihr einen lieblichen, fast träumerischen Ausdruck, während ein Rüde die in ihm sitzende Energie schon durch den Ausdruck seines Kopfes erkennen lässt.
Wie auch bei anderen Terrierrassen tritt manchmal bei Welsh Terriern ein Pigmentverlust am Nasenspiegel auf. Die Nase, die absolut schwarz sein soll, sieht dann manchmal durch geringe UV-Strahlung in den Wintermonaten gesprenkelt oder grau aus. Es handelt sich aber meistens nur um eine

Kopfstudie

zeitweilige Erscheinung, so dass es keinen Grund zur Beunruhigung gibt. Nasen, die aber dauerhaft eine andere Farbe als schwarz haben, sind für den Welsh Terrier untypisch.

Augen

Der rassetypische Ausdruck wird vor allem auch durch die Form, die Farbe und die Stellung der Augen bestimmt. Durch sie wird Aufmerksamkeit und Vertrauen, aber auch Furchtlosigkeit und Unerschrockenheit vermittelt. Die Augen spiegeln die Wesensverfassung des Hundes wider.
Der Ausdruck des Welsh Terriers wird durch große, runde oder hellere Augen völlig verändert. Solche Augen sind untypisch und deshalb unerwünscht. Sie sollen vielmehr klein, dunkelbraun und mandelförmig sein. Der Standard sagt „gut eingesetzt“. Dies bedeutet, dass sie relativ weit auseinander liegen und tief eingesetzt, also nicht hervortretend sein sollen.

Ohren

So wie die Augen, sagt auch die Art, wie der Welsh Terrier seine Ohren trägt, viel über sein Wesen und seine Gemütsverfassung aus.
Die Ohren sind V-förmig, klein und nicht sehr dünn im Ohrleder.
Die Falte der nach vorn getragenen Ohren ist gerade und liegt nur leicht über der Oberlinie des Kopfes.
Es ist wichtig, dass die Ohren dicht an den Wangen anliegen und mit den Ohrspitzen in Richtung der äußeren Augenwinkel fallen. Nur dann werden sie richtig getragen. Wichtig ist auch die Größe der Ohren. Wenn der Standard kleine Ohren fordert, so müssen sie doch zum Gesamteindruck passen. Oft sieht man Welsh Terrier, die große Ohren haben, die nicht „aus der Muschel" getragen werden. Sie hängen meist seitlich schlapp am Kopf herunter. Sind die Ohren zu klein, besteht die Gefahr, dass sie nicht fest anliegen oder gar „offen" getragen werden.
Erwähnenswert ist noch, dass die Ohren symmetrisch und faltenfrei getragen werden.
Stehen die Ohren zu dicht beieinander oder zu weit auseinander, kann die erwünschte Ohrenstellung und somit auch der typische Ausdruck des Welsh Terriers nicht erreicht werden.

Gebiss

Der Welsh Terrier wird mit der Erfüllung der Standardforderung nach einem kräftigen Gebiss, worunter kräftige Kiefer und starke Zähne zu verstehen sind, den Anforderungen an einen Jagdhund gerecht.
Er hat ein vollzahniges Scherengebiss, d. h. die Zähne sind nach der bekannten Zahnformel angeordnet, und die obere Schneidezahnreihe greift ohne Zwischenraum über die untere.
Mit zunehmendem Alter kann ein Zangengebiss toleriert werden.
Die Vollzahnigkeit ist besonders hoch zu bewerten und ist allgemein anzustreben. Wie auch bei anderen Rassen fehlt manchmal hier und da im Gebiss des Welsh Terriers ein Zahn. Problematisch sind Prämolarverluste,

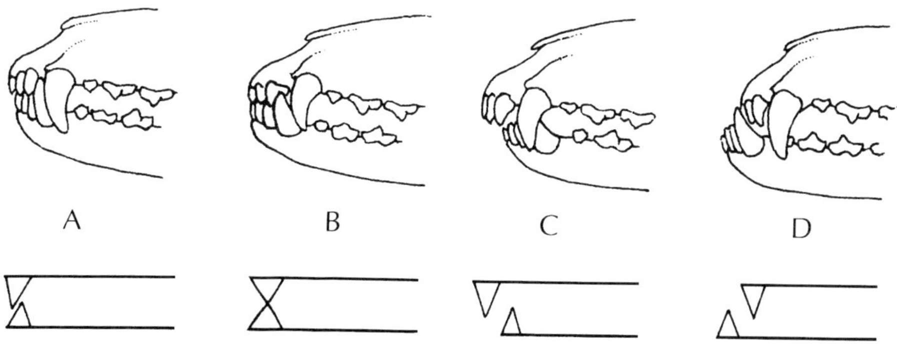

A = Scherengebiß B = Zangengebiß C = Rückbiß D = Vorbiß

- I = Incisivi = Schneidezähne
- C = Canini = Fangzähne
- P = Praemolaren = Vordere Backen zähne
- M = Molaren = Hintere Backenzähne

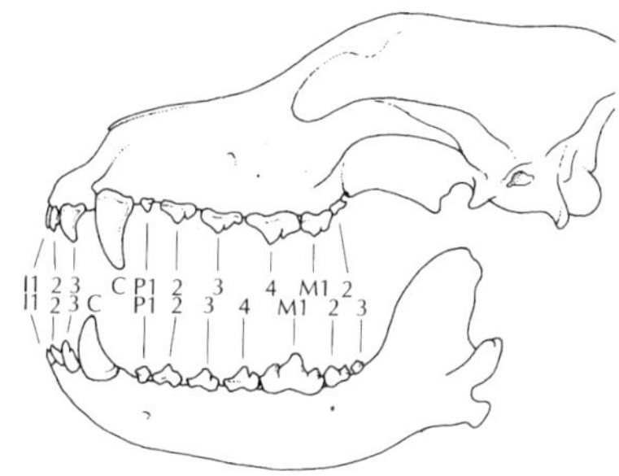

	Oberkiefer	Unterkiefer	Dauergebiß
Incisivi	6	6	12
Canini	2	2	4
Praemolaren	8	8	16
Molaren	4	6	10
	20	22	42

Das Milchgebiß hat lediglich 32 Zähne

aber es kann auch ein Molar, häufig der letzte in der unteren Zahnreihe, fehlen. Große, wichtige Zähne sollten nicht fehlen, ebenso Schneide- und Eckzähne nicht.
Der Standard übersieht freundlicherweise das Problem der Vollzahnigkeit und erwähnt nur die Regelmäßigkeit des Gebisses. Vielleicht ist auch die Einhaltung der Zahnformel gemeint. Sicher aber ist, dass der Hund hinsichtlich seiner Bestimmung alle Zähne braucht.
Der Klub für Terrier hat in seinen Zuchtbestimmungen festgelegt, dass zwei Prämolaren fehlen dürfen und damit der Möglichkeit Rechnung getragen, dass Abweichungen von der Normalität vorkommen können. Trotzdem gilt nach wie vor der Grundsatz der Vollzahnigkeit.
Auch ein vollzahniges Gebiss kann plötzliche Lücken aufweisen. In den meisten Fällen handelt es sich dabei um persistierende Milchzähne, die plötzlich verspätet ausfallen. Hier wurde im bleibenden Gebiss kein neuer Zahn angelegt, und der Milchzahn konnte noch etwas länger verbleiben.
Es handelt sich also nicht um einen wirklichen Zahnverlust durch Ausbeißen oder ähnliches, auch wenn eine Wunde entsteht.
Bei Welsh Terriern kann es natürlich bei der Arbeit am Fuchs und am Dachs zu Zahnverlusten kommen. Zum Beispiel beim Fang im Fanggriff. Aber hier kann nur eine Röntgenaufnahme Gewissheit bringen.
Vorbiss und Rückbiss sind für die Rasse untypisch und ein schwerer Fehler.

Hals

Der Hals ist von mittlerer Länge und soll mäßig dick sein. Dies scheint im Hinblick auf die Arbeit unter der Erde, beim Halten und Ziehen der Beute sehr wichtig zu sein, denn hier wird Kraft benötigt.
Heute steht die Forderung, dass der Hals elegant harmonisch und fließend in die gut zurückgehenden Schultern übergeht. Optisch gesehen, wird dadurch eine elegante, kraftvolle Erscheinung des Welsh Terriers dokumentiert. Ebenso durch den etwas gebogenen Nacken. Die Kehle ist trocken und ohne lose Haut.

Vorhand

Der Standard legt hinsichtlich der Vorderhand die größte Wichtigkeit auf die Schulterblätter. Sie sollen lang, schräg gestellt und gut zurückgelagert sein. Im Idealfall liegen sie soweit zurück, dass zwischen ihnen und den Oberarmknochen ein Winkel von 90° liegt. Ebenfalls sollten Oberarm und Schulterblatt von guter, aber auch von gleicher Länge sein. Diese Punkte bewirken, falls sie korrekt sind, in der Bewegung einen guten Vortritt und eine harmonische obere Hals-Rücken-Linie.
Bei falschen Winkelungen der Vorhand wirkt entweder die Bewegung kurz und trippelnd oder Hals und Kopf werden nach vorn geschoben. Der Welsh Terrier soll sich aber selbstsicher und souverän präsentieren. Das funktioniert jedoch nur bei einer korrekten Schulterwinkelung. Von vorn gesehen werden gerade, starkknochige und muskulöse Vorderläufe verlangt. Sie sollen substanzvoll sein und durch eine gute Bemuskelung wirken.
Welsh Terrier, bei denen zwischen die Vorderläufe kein Finger mehr passt, sind untypisch, genau wie solche, die durch falsche Winkelungen so viel Muskulatur ausgebildet haben, dass sie vorne „wie beladen" wirken. Die Stellung der Vorderläufe und die Bewegungsabläufe können dann nicht mehr korrekt sein. Deshalb sollen die Ellenbogen direkt am Körper anliegen und nicht nach außen abstehen.
Ein kraftvoller Vordermittelfuß sorgt ebenfalls für eine aufrechte Haltung und ein schönes Gangwerk. Die kleinen runden Katzenpfoten sollten gerade und nach vorn gerichtet sein. Ein Ausdrehen ist nicht erwünscht.

Körper

Der Welsh Terrier ist relativ kompakt. Dazu gehören ein großer Brustkorb, ein kurzer Rücken und eine kräftige Lendenpartie.
Der große Brustkorb sorgt mit einer guten Rippenwölbung, einer guten Brusttiefe, die bis zu den Ellenbogen reichen sollte, und den weit nach hinten reichenden Rippen für genügend Platz für Herz und Lunge.
Ein gesundes Herz und eine kräftige Lunge sind sehr wichtig für die

Gesundheit des Welsh Terriers, der seiner Bestimmung nach aktiv sein soll. Ein schwach entwickelter Welsh Terrier wird dazu nicht in der Lage sein. Die kräftige Lendenpartie lässt ebenfalls einen kompakten Eindruck entstehen und bietet trotz ihrer Kürze noch genügend Platz für eine flüssige Bewegung der Hinterläufe.
Der kurze Rücken ist absolut gerade und das nicht nur im Stand, sondern vor allem in der Bewegung. Nur hier kann sich der Welsh Terrier vor dem Standard bewähren.
Der große Brustkorb ist ebenso wie die kräftige Lendenpartie, die nicht eingefallen ist, absolut typisch für den Welsh Terrier. Ein leichter Körper passt ebenso wie lange Läufe nicht zu seiner kompakten Erscheinung.

Hinterhand

Für die Arbeit am Wild und im Gelände benötigt der Welsh Terrier genügend Kraft, um das Wild zu halten, genügend Schnelligkeit, um dem Wild zu folgen und Ausdauer, um nicht vor Ende der Jagd oder anderer „Vergnügen" schlapp zu machen.
Neben anderen Standardpunkten ist es vor allem die kräftige Hinterhand mit muskulösen Oberschenkeln und gut gewinkelten, tiefstehenden Sprunggelenken, die mit ihrer Kraft dafür sorgt, dass der Welsh Terrier diese Anforderungen erfüllt.
Der kraftvolle Ausdruck entsteht vor allem durch gut entwickelte Unterschenkel und eine gute Winkelung der Kniegelenke.
Die Sprunggelenke haben einen ausreichenden Abstand zueinander, so dass sich die Läufe gerade bewegen können.
In der Bewegung werden die Pfoten so gesetzt, dass ein schwungvolles, raumgreifendes Gangwerk möglich wird und die Schubkraft der Hinterläufe maximal ausgenutzt werden kann.
Die Kruppe ist gerade und sorgt damit für eine gute, aufrechte Rutenhaltung.
Der Welsh Terrier läuft im Übrigen am wirkungsvollsten, wenn Kopf und Rute stolz erhoben sind und der Rücken straff und gerade ist, dann kann er auch die Schubkraft der Hinterhand richtig einsetzen.

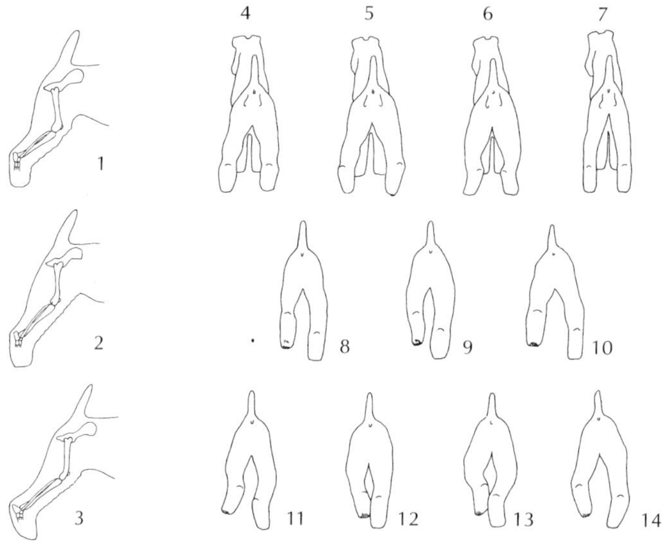

Hinterhand

1 Korrekt
2 Steil
3 Überwinkelt, keine geraden Sprunggelenke
4 Korrekt
5 Hackenweit
6 Kuhhessig
7 Schmal
8 Paralleles Gangwerk, Sprunggelenke gerade
9 Korrekt; wird der Hund schneller, steuert er eine Mittellinie an
10 Bewegt sich zu weit
11 Kuhhessig
12 Enges Gangwerk, Knie nach außen gedreht, Spunggelenke kreisen
13 Enges Gangwerk, voreinandertretend
14 Hackenweit

Pfoten

Die Pfoten des Welsh Terriers sind klein und rund, mit dicken Ballen versehen. Die Krallen sind stark, leicht gebogen und haben eine schwarze Farbe, ebenso wie die Ballen. Die Pfoten sind weder nach innen noch nach außen gestellt.
Die Krallen sind regelmäßig zu pflegen. Ihre Länge ist wichtig für ein optimales Gangwerk, denn zu lange Nägel behindern eine korrekte Stellung der Pfoten.

Rute

Die Rute wird aufrecht getragen und ist nur leicht gekrümmt. Sie ist mäßig dick und etwa so lang, dass sie bei aufrechter Haltung die Höhe des Oberkopfes erreicht. Dadurch wird das Bild eines quadratischen Hundes noch unterstrichen.
Der Rutenansatz ist korrekt, wenn die Rute hoch über dem Rücken angesetzt ist. Bei einer zur Rute hin abfallenden Kruppe wird die aufrechte Haltung der Rute nicht erreicht.
Keinesfalls sollte die Rute aber „lustig" über den Rücken gebogen sein.

Haarkleid und Farbe

Die Behaarung der Welsh Terrier ist drahtig, darüber sind sich alle einig. Sie soll aber auch sehr üppig sein. Diese Haarfülle wird besonders deutlich an der Beinbehaarung, die die Läufe als kräftige Säulen erscheinen lässt und die starken Knochen unterstreicht.
Das Deckhaar liegt dicht am Körper an und ist leicht gewellt. Unter dem Deckhaar befindet sich eine weiche dichte Unterwolle.
Diese füllige und drahtige Behaarung ist deshalb so wichtig, weil sie dem Welsh Terrier großen Schutz vor Witterungseinflüssen und im Kampf mit Raubwild bietet. Oft ist die Decke mit braunen oder weißen Haaren durchsetzt. Auch eine grauschwarze Decke kommt vor.

Da eine durchgängig schwarze Decke immer noch den besten Eindruck hinterlässt, wurde auch immer wieder nur mit solchen Hunden gezüchtet. Wir merken aber besonders durch die Zucht mit Importhunden, dass auch andere Farbnuancen möglich sind. Es gab diese vor über 100 Jahren, und es gibt sie auch noch heute. Hier treten keine Fehler, sondern rassespezifische Besonderheiten zutage. Gemeint sind hier die Haarfehlschläge der so genannten „Wollis“, deren Haar auch sehr füllig, aber oft verblasst und sehr weich ist. Wenn der Standard eine Lohfarbe für die Behaarung des Bauches, der Läufe und des Kopfes fordert, so ist diese Farbe nicht näher bezeichnet. Aus alten privaten Aufzeichnungen früherer Zeiten wissen wir aber, dass damit eine (mahagoni)rote Farbe gemeint ist. Damals war der Welsh Terrier aber ein reiner Arbeitsterrier, dem es noch an Haarfülle und Adel fehlte. Mit der Einkreuzung anderer Rassen kam es vor allem durch das Wirken von Walter S. Glynn zu einer besseren, eleganteren Anatomie und zur Herausbildung eines kräftigeren Gebäudes. Er nahm sicher, wie andere auch, gerne in Kauf, dass es zu einer Veränderung der Lohfarbe gekommen war, zumal die Farbe viel leichter wieder zu verändern ist, als ein eleganter Welsh Terrier gezüchtet werden kann.

So gibt es heute auch Welsh Terrier, deren Lohfarbe eher einem helleren Braun ähnelt als einem Rot. Diese Farbe ist durchaus erlaubt. Eine helle, blasse Farbe, wie bei den schon erwähnten Wollis, ist fehlerhaft.

Welpen werden fast ganz schwarz geboren, manchmal ist ein kleiner weißer Fleck auf der Brust. Beim ausgewachsenen Welsh Terrier sollte unterhalb der Sprunggelenke kein Schwarz mehr sein. Ebenfalls auf dem Kopf sollte das Schwarz verschwunden sein. Häufig wird eine schwarze Schattierung auf den Oberschenkeln sowie auch ein nicht ganz verschwundener weißer Fleck toleriert.

Das Haarkleid des Welsh Terriers wird getrimmt, um letztlich die Vorzüge des Hundes hervorzuheben. Je nachdem wie der Welsh Terrier am besten aussieht, müssen individuelle Besonderheiten berücksichtigt werden. Das Deckhaar sollte ca. 23 cm lang sein. Manchmal ist es hart und flach oder locker gewellt. Es fühlt sich an wie Stahlwolle. Eng anliegendes flaches Haar ohne Unterwolle ist fehlerhaft.

Größe

Sowohl Rüden wie auch Hündinnen sollen von guter Substanz sein. Diese drückt sich auch in der Größe aus. Schon seit langer Zeit werden 39 cm als obere, vielleicht auch als ideale Größengrenze angegeben. Der Standard macht hier keinen Unterschied zwischen den Geschlechtern. Dennoch ist es schön, gewisse Größenunterschiede zu erkennen.
Für die jagdliche Verwendung der Rasse auf Fuchs und Dachs ist es wohl zweckmäßig, nicht so große Welsh Terrier zu züchten. Allerdings sind zu kleine Hunde doch sehr rasse-atypisch.
Es gibt bei Rüden Unterschiede zwischen 36 und 40 cm (manchmal sind sie auch noch größer) und bei Hündinnen zwischen 35 und 39 cm. Ideal ist 39 cm bei Rüden und 37 cm bei Hündinnen.
Die Größenangabe des Standards kann nur eine Orientierung sein. Viel wichtiger als die exakte Erfassung der Größe ist die Harmonie des Gesamteindrucks.
So müssen zum Beispiel bei einem großen Hund auch der Knochenbau, der Brustkorb, die Lenden und der Kopf kräftig ausgebildet sein.
Die Rasse Welsh Terrier darf nicht zu klein werden. Wenn diese Hunde auch besser gefallen, sollten besonders bei Rüden, sofern sie sehr schön sind, ein paar Zentimeter nach oben durchaus toleriert werden. Die Rasse wird dadurch insgesamt nicht an Substanz verlieren.

Fehler

Was erlaubt der Standard nicht? Jede Abweichung von den vorgenannten Punkten! Diese Abweichungen sollten aber immer verhältnismäßig gesehen werden. Was nicht erlaubt ist, sind Fehler, und diese werden auf Ausstellungen und Zuchtveranstaltungen geahndet bzw. in der Vergabe von Formwertnoten berücksichtigt. So werden alle Welsh Terrier am Idealbild der Rasse gemessen.
Was nicht erlaubt ist und absolut ein atypisches Bild vermittelt, sind Stehohren, helle Augen, Schwarz unterhalb der Sprunggelenke und Zahnfehler

Fehlervergleich im Profil

1 Ideal - gut ausgewogen und gut gebaut

2 Weiche Oberlinie, langer Rücken, hinten überbaut. Rute zu kurz kupiert, Sprunggelenke zu hoch und zu stark gewinkelt.

3 Hirschhals, gerade Schulter, aufgezogener Rücken, schlechter Rutenansatz, steilgewinkeltes Kniegelenk. Dieser Typ ist oft schmal mit zu wenig Substanz.

4 Schwere Ohren, kurzer, dicker Hals, überladene Schultern, niedriggestellt, lustig getragene Rute.

5 Fox-Terrier-Ausdruck, hochangesetzte Ohren, Kopf zu lang. Schwanenhals, zu kurzer Rücken, schwache Hinterhand, schmale Front und aufgerichtete Schultern.

6 Steile Schultern, Hühnerbrust, abfallende Oberlinie und steilgewinkeltes Kniegelenk, flache Brust und fehlende Substanz. Leicht gebogene Rute, aber akzeptabel.

wie Vorbiss, Rückbiss oder das Fehlen großer funktionswichtiger Zähne. Jeder kann nun anhand dieser Standarderläuterrungen leicht seinen Welsh Terrier mit dem Rasseideal vergleichen, und Züchter können neue Ziele für die weitere Arbeit abstecken. Die Standardpunkte lassen sich nur schrittweise verbessern. Dabei sind viele Kompromisse notwendig.

Kauf eines Welsh Terriers

Niemals sollte man so unbedarft an den Erwerb eines Welsh Terriers denken, wie ich es einmal vor Jahren getan habe, aber das wissen Sie ja schon. Deshalb hier ein paar Gedanken, die Sie sich unbedingt vorher machen sollten.
Mag der Wunsch nach einem Hund auch groß sein, vor dem Kauf sind viele Dinge zu überlegen und in der Familie zu besprechen. Glücklicherweise war und ist der Welsh Terrier im Laufe seiner Rassegeschichte nie der Mode unterlegen gewesen.
Beim Welsh Terrier handelt es sich um eine urwüchsige, sportliche, aber auch um eine elegante Rasse. Eine Rasse für Leute, die sportlich die Natur erkunden, Spaziergänge im Wald und Wiese gut finden, die das Wasser in Seen und Flüssen lieben und viel von Geselligkeit in der Familie und mit Freunden halten, die ihre Kinder lieben und deren Tatendrang fördern. In solcher Familie, in der aktiv gelebt wird, in der jeder auf den anderen zählt, fühlt sich auch der Welsh Terrier wohl und wird durch seine Bewegungs- und Tatenlust für Freude in der Familie sorgen.
Ebenso wie eine gut funktionierende Familie, benötigt der Welsh Terrier aber auch Ordnung und Disziplin, muss sich unterordnen.
Die Familienführung muss deshalb eindeutig festgelegt sein, damit es nicht zu Missverständnissen kommen kann. Der Ärger mit dem neuen Liebling wäre sonst sofort vorprogrammiert, denn er würde sicher auch selbst gerne „Chef“ werden.
Was sagen die Nachbarn oder die Hausmitbewohner zu einem Hund? Können sie die plötzlich verstärkten Aktivitäten, das eventuelle Gebell oder

Madonna

auch die Lust des Welsh Terriers an „Erdarbeiten“ verkraften? Vielleicht lieben sie doch mehr die Ruhe, die sie bisher von Ihnen gewöhnt waren.
Wissen Sie, ob der Hauseigentümer ein Hundefreund ist? Vielleicht hat er Angst vor Schäden an seinem Eigentum.
Kosten sind auch zu bedenken. Eventuell wird ein neuer Zaun oder ein Zwinger gebraucht. Steuern, Versicherung und Futterkosten fallen an. Ein Tierarzt sollte sich auch um den Welsh Terrier kümmern und ihn regelmäßig impfen. Wer wird das Trimmen übernehmen und ihn täglich pflegen?
Erst wenn alles geprüft ist, eine evtl. Allergie ausgeschlossen werden kann und immer noch alle einen Welsh Terrier wollen, dann sollten Sie sich nach einem solchen Hund umsehen. Wenn Sie ihn dann erst einmal um sich haben, werden Sie ihn nie wieder missen wollen und er wird immer dankbar und Ihr bester Freund sein.

Bei wem kauft man seinen Welsh Terrier?

In Deutschland ist der Klub für Terrier von 1894 e.V., der dem Verband für das Deutsche Hundewesen angeschlossen ist, die Garantie dafür, dass Welsh Terrier, ebenso wie auch andere Terrierrassen, artgerecht gehalten und gezüchtet werden. Hier sind gute Adressen von Welsh-Terrier-Züchtern zu bekommen.

Sofern nicht Besuche von VDH- oder KfT-Zuchtschauen Anlass für die voraussichtliche Anschaffung eines Welsh Terriers waren, ist ein solcher Besuch unbedingt zu empfehlen. Hier sind neben Liebhabern der Rasse auch immer Züchter oder andere Rassekenner anwesend und werden Ihnen gerne fachgerechte Auskunft geben.

Zuchtschaubewertungen machen deutlich, wie ein schöner Welsh Terrier aussieht. Solch ein Welsh Terrier wird immer vorn platziert oder vielleicht sogar Tagessieger sein.

Immer aber sind auf diesen Veranstaltungen Kontakte zu knüpfen, und vieles kann erfragt werden.

Auch im normalen Straßenbild kann ein Welsh Terrier auffallen, der gut gepflegt und wohlerzogen an der Leine geführt wird. Der Züchter sollte sich für alle künftigen Freunde der Rasse Zeit nehmen, um Sie mit der Rasse, seinen eigenen Hunden und vielleicht sogar mit dem eventuell im Zwinger liegenden Wurf bekannt zu machen. Der persönliche Kontakt zwischen Züchter, Käufer und den Hunden ist sehr wichtig, da nur so das wichtige Vertrauen aufgebaut werden kann, das notwendig ist, um dem kleinen Welsh Terrier jederzeit ein artgerechtes Leben zu ermöglichen. Eine dem Zeitgeist entsprechende artgerechte Haltung dieser liebenswerten Rasse erfordert vom Züchter den Besitz einer großzügigen Anlage mit Ausläufen und Schutzräumen sowie viel persönlichen Kontakt zwischen Hund und Mensch.

Der Züchter ist dadurch und auch durch andere Aspekte nicht in der Lage, seine Hunde für ein Handgeld abzugeben. Acht bis zehn Wochen bleibt der Welpe bei der Hündin, und beide brauchen in dieser Zeit viel Zuwendung, abgesehen von sorgfältiger Ernährung und tierärztlicher Betreuung wie Impfungen etc.

Ein vom Klub für Terrier ausgebildeter und befähigter Zuchtwart kontrolliert und betreut den Wurf gemäß den festgeschriebenen Zuchtbestimmungen. Die Ergebnisse dieser Kontrollen können beim Züchter eingesehen werden.
Wer wirklich Interesse an einem Welsh Terrier hat, kann alle Dinge und Probleme mit dem Züchter seiner Wahl eingehend besprechen und bekommt auch die vom Klub für Terrier ausgestellten Papiere für seinen Welsh Terrier.
Für nur Neugierige oder Schaulustige allerdings ist auch die schönste und zweckmäßigste Zwingeranlage eines Züchters, schon im Interesse der Hunde, meist nicht zugänglich.
Wer „nur" Hunde sehen will, der ist auf Ausstellungen besser aufgehoben. Für wirklich Interessierte aber wird sich jeder Züchter die gebührende Zeit nehmen.

Welcher Hund ist der Richtige?

Haben Sie sich nun für die Anschaffung eines Welsh Terriers entschieden, dann ist die Frage sehr wichtig, welche Bedingungen das künftige Familienmitglied erfüllen soll.
Soll es eine Hündin oder ein Rüde sein? Soll es ein Ausstellungshund, ein Jagdhund oder ein Begleithund sein? Wird ein ruhiger Typ oder ein lebhafter Draufgänger gewünscht?
In der Regel sollte der kleine Welsh Terrier lebhaft, fröhlich, verspielt und zutraulich sein. Diese Lebensmerkmale entwickeln sich in den ersten Lebenswochen.
Im Verhalten der Welpen zur Mutterhündin und zur Familie des Züchters lässt sich am besten erkennen, welches Wesen der Kleine hat. Die eigenen Vorstellungen sollten mit dem Züchter deshalb besprochen werden. Dann wird er sicherlich beratend bei der Auswahl der Welpen zur Seite stehen.
Ein Jagdhund braucht ein anderes Temperament, eine andere Konstitution als ein Familienhund.
Der Rüde ist in der Regel größer und kräftiger und braucht mehr Bewegung.
Eine Hündin wird zweimal im Jahr läufig und muss vor den sie bedrängenden

Rüden geschützt werden, abgesehen davon, dass im Haushalt auch besondere Bedingungen geschaffen werden müssen.
Anhänglichkeit oder Liebesbedürfnis sind keine Besonderheit von Rüde oder Hündin.
Wer in diesen Fragen nicht speziell festgelegt ist, wird sicher schneller einen Welpen vom Züchter bekommen können.
In der Regel besitzt der kleine Welsh Terrier mit acht Wochen schon alle Eigenschaften, die ein erwachsener Hund haben wird. Diese Aussage trifft nicht nur für das Wesen, sondern auch für die anatomische Beschaffenheit zu.
In den folgenden Monaten treten dann immer wieder Veränderungen auf, bis hin zum erwachsenen Hund. Diese Entwicklungsphasen verlaufen sehr individuell, und niemand sollte in dieser Zeit den Glauben an seinen neuen Liebling verlieren.
Die beste Zeit, einen Welsh Terrier zu erwerben, ist die 8.-12. Lebenswoche. Wenn der kleine Welpe jetzt auch noch sehr dunkel aussieht, wird er bei guter Haarpflege mit neun Monaten die richtige Schwarz/Loh-Färbung besitzen.

Madonna ist geschafft

Achtsamer Top Rüde

Der Welpe, der eine Ausstellungskarriere starten soll, sollte anatomisch möglichst dem Ideal des Rassestandards sehr nahe kommen. Hier ist eine Beratung durch den Züchter dringend angeraten, verbindet sich doch mit dem Ausstellungshund auch immer ein Zwingername.
Ein angenehmes Wesen, eine kräftige Konstitution und schönes Haar sollten die wesentlichsten Kriterien für die Auswahl eines Welpen sein. Erziehung und Ausbildung sowie die Gewöhnung an die neue Familie muss der Käufer übernehmen. Diese Punkte entziehen sich dem Einfluss des Züchters. Beim Züchter bekommen Sie den Welpen, der Hund entwickelt sich bei Ihnen, denn von nun an wird er neue Rudelerfahrungen machen, die sein weiteres Leben beeinflussen werden. Sie sind für ihn immer der Mittelpunkt seines Lebens.

Wie soll er aussehen, der kleine Welsh Terrier?

Zu einem harmonischen Aussehen des Welpen gehört ein quadratisches Gebäude, dazu eine harmonische Hals-Rückenlinie, ein hoher Rutensitz und dahinter noch „eine ganze Menge Hund", d. h. eine deutliche Sitzbeinbildung.
Die Hintergliedmaßen sollen gut gewinkelt und weit ausgestellt sein. Der

Kopf soll schmal und lang sein und die Augenfarbe dunkelbraun. Es ist auf eine kleine mandelförmige Augenform zu achten.
Das Welpengebiss hat 28 Zähne und einen Scherenschluss, d. h., die obere Schneidezahnreihe greift ohne Zwischenraum über die untere. Bei Rüden muss der Hodenstand überprüft werden. Sie sollen gut entwickelt und tastbar sein.
Über Haaranlagen und Haarqualität sind nur schwer Aussagen zu machen, ihre Beurteilung setzt viel Erfahrung voraus. Das Welpenhaar sollte aber eher knapp und hart, als möglicherweise üppig und weich sein. Weiße Abzeichen an der Brust haben von Natur aus die Tendenz zum Kleinerwerden, bis hin zum Verschwinden.
Bei der Wurfabnahme in der 8. Lebenswoche werden die Welpen vom Zuchtwart tätowiert oder werden mit einem Mikrochip versehen. Damit sind sie jederzeit wieder zu identifizieren.

Übernahme des Welpen

Der Welpe ist in der Regel nach Vollendung seiner 8. Lebenswoche soweit herangewachsen, dass er selbständig fressen und sein soziales Verhalten auf die Erfordernisse seiner Meute einstellen kann. Bislang wurde er von der Mutterhündin erzogen und ausgebildet. Immer konnte er seine Erfahrungen spielerisch mit und an seinen Wurfgeschwistern ausprobieren.
Ein erfahrener Züchter hat diese Entwicklung genau beobachtet und kann daraus die richtigen Empfehlungen für die weitere Entwicklung des Welpen ableiten. Vor dem Kauf sollten deshalb vertrauensvolle Gespräche über Fragen der Aufzucht und Erziehung, über Fütterung und Pflege zwischen Züchter und Käufer geführt werden. Neben dem Kaufpreis sind auch zu diesem Problem konkrete Absprachen notwendig, die eventuell sogar schriftlich vorliegen sollten. Aber auch mündliche Absprachen sind durchaus gültig.
Nach der Übernahme des Welpen sollen in der Regel alle Stresssituationen für ihn vermieden werden.
Immer sollte der Welpe persönlich abgeholt werden.
Wenn auch die Fahrt mit dem Auto nicht immer problemlos ist, denn mit-

unter erbricht der Welpe vor Aufregung während der Fahrt, ist es doch wichtig, dass gerade jetzt ein enger Kontakt zu seiner neuen Bezugsperson besteht.
Etwas Zellstoff ist hier sehr hilfreich. Transportboxen sind für den ersten Kontakt und die aufregende Fahrt nicht ratsam, weil sie Stress bedeuten, der eine Verlassensangst beim Welpen bewirken könnte und er sich besonders unwohl fühlen würde. Er sollte sich aber doch besser freuen.
In seiner neuen Umgebung muss alles getan werden, damit sich der Welpe wohlfühlt. Er vermisst seine Mutter und die Geschwister, fühlt sich einsam. Dieses Gefühl erfordert unser Verständnis für seine Meuteeigenschaften, indem wir ihm durch unseren körperlichen Kontakt dafür Ersatz bieten.
Als Reiseunterlage ist eine Decke zu empfehlen, die dann zu Hause auf dem neuen Liegeplatz oder in ein Körbchen gelegt werden kann. Er wird diesen Platz durch den vertrauten Geruch sehr schnell annehmen. Eine Wärmflasche, in eine Decke eingewickelt, bietet für die erste Nacht einen kleinen Geschwisterersatz, indem sie zumindest etwas Wärme vermittelt. Es ist immer ratsam, in den ersten Tagen den Welpen bei der Familie und im Haus zu halten, damit er sich schnell der neuen Meute anschließt.
Eine Futterumstellung ist in dieser Zeit unbedingt zu vermeiden. Züchter werden auch immer bereit sein, neben einem Futterplan für den Welpen auch Futter für die erste Zeit mitzugeben.
So können für den kleinen Welsh Terrier die ersten großen Erlebnisse und sein Trennungsschmerz erträglich werden.
Mit viel Zuwendung für den Kleinen wird er bald sein neues Leben als selbstverständlich ansehen und keinen Anlass haben, traurig zu sein.

Aufzucht, Pflege und Erziehung

Wenn ein zehn bis zwölf Wochen alter Welsh Terrier ins Haus kommt, tut man gut daran, die Ratschläge des Züchters zu beachten, damit sich die Veränderungen, denen der Welpe kurzfristig ausgesetzt wird, in Grenzen halten. Selbstverständlich ist es notwendig und ratsam, sich vorher über

Ein vorwitzger Blick durch den Zaun

grundlegende Fragen der Hundehaltung sachkundig zu machen, um auf diesem Gebiet zu einem eigenen Urteil zu gelangen.
Verständliche Sachbücher über Hundehaltung mit fundierten Ausführungen über Aufzucht, Erziehung und Pflege sind im Buchhandel leicht zu bekommen. Meine Aussage „Der Züchter macht den Welpen, der Besitzer den Hund“ ist von großer Bedeutung, denn auch ein in Konstitution und Wesen hervorragender Welsh-Terrier-Welpe kann durch Aufzucht-, Pflege- und Erziehungsfehler gründlich ruiniert werden.

Aufzuchtsbedingungen und -fehler

Bei der Aufzucht eines jungen Welsh Terriers sollten zunächst folgende allgemeingültige Grundsätze beachtet werden:

- Der Welpe braucht eine ausreichend große, möglichst mit einer Decke gut ausgelegte und zugfrei aufgestellte Behausung, die ihm als Schlafplatz dient. Offene oder geschlossene Körbchen aus stabilem Kunststoff sind dabei solchen aus Holz oder Weidengeflecht vorzuziehen, da letztere recht schnell dem Kau- und Nageeifer eines aktiven Welpen zum Opfer fallen, wenn keine Kauknochen oder Kaustäbchen verfügbar sind.
- Welpen haben ein ausgeprägtes Schlafbedürfnis. Dem ist insbesondere nach größeren Erkundungsgängen, die bei Welpen jedoch noch nicht zu Gewaltmärschen ausarten dürfen, und nach den Mahlzeiten (mit den danach zu verrichtenden größeren oder kleineren „Geschäften") sorgfältig Rechnung zu tragen.
- Ein Welpe muss regelmäßig gefüttert werden. Es ist daher sehr wichtig, bestimmte Futterzeiten konsequent einzuhalten; frisches Trinkwasser muss stets vorhanden sein (siehe Kapitel „Ernährung").
- Welpen haben einen natürlichen Erkundungsdrang. Es wäre unklug, diese Neigung gerade bei einem so selbstbewussten und intelligenten Hund wie dem Welsh Terrier im eigenen Haus und Garten nicht zu unterstützen oder sie gar einzuschränken. Schließlich muss ein Welsh Terrier das Territorium, das er bewachen und verteidigen soll, auch gründlich kennen lernen.
- Junge Hunde sind im Gebäude noch sehr lose, deshalb können insbesondere Bänder und Muskeln geschädigt und unter extremen Bedingungen sogar die Knochen deformiert werden. Dies gilt generell vor allem für das Hochnehmen junger Hunde. Sie dürfen niemals an den Vorderläufen hochgezogen oder gar unter den Ellenbogen hochgestemmt werden.

Richtig ist hingegen, mit der Hand unter das Hinterteil des Hundes zu greifen, möglichst ohne die Rute einzuklemmen und die andere Hand unter den vorderen Teil des Brustkorbes zu legen, wobei man noch mit Daumen und kleinem Finger die Vorderläufe des Hundes umfassen kann.
Wie bei allen Hunden ist es auch beim Welsh Terrier im Hinblick auf Knochen-, Muskel- und Bänderschäden ein unter Umständen folgenschwerer Aufzuchtfehler, einen weniger als zehn bis elf Monate alten Welsh Terrier regelmäßig Treppen steigen oder niedrige Brüstungen erklimmen zu lassen.

Krumme Rücken und fehlerhafte Fronten mit ausgedrehten Ellenbogen, nicht am Brustkorb anliegende Oberarmknochen und lose Schultern sind die Folgen.
Auch das Gebiss kann geschädigt werden. Während des Umzahnens, also in der Phase des Wechsels vom Welpengebiss zu den bleibenden Zähnen, sollte man auf keinen Fall in der Weise mit dem jungen Welsh Terrier spielen, dass man ihn an Tüchern oder ähnlichem zerren lässt oder ihn hinter sich herzieht.
Veränderungen der Zahnstellung, insbesondere der Schneidezähne oder gar des Unterkiefers, können die Folge sein, denn die Kraft, die ein junger Welsh Terrier beim Sich-Entgegenstemmen entwickelt, und die Auswirkungen auf noch nicht gefestigte Zähne und Knochen werden häufig unterschätzt. Mancher Zangen- und mancher knappe Scherenschluss sind auf diese Weise schon zum Vorbiss geworden.
Kalbsknochen oder Kaustäbchen sind während des Umzahnens ideal; das intensive Benagen dieser Knochen hilft, die Zähne des Milchgebisses zu lockern, das Zahnfleisch zu massieren und die Kiefer zu festigen.
Zur artgerechten Aufzucht eines Terriers gehört auch die Sicherung der notwendigen Bewegung, sonst kann sich die Muskulatur, insbesondere die der Hinterhand, nicht so kräftig entwickeln, wie es bei der Rasse aus guten Gründen erwünscht ist.

Pflegehinweise

Die regelmäßige und sorgfältige Pflege eines Welsh Terriers dient nicht nur seiner Gesundheit, sondern auch seinem typischen Aussehen. Soweit sich die Pflege des Welsh Terriers auf seine Ernährung bezieht oder auf die Erhaltung seiner Gesundheit, vor allem was Zähne, Augen und Ohren anbetrifft, so werden diese Fragen ausführlich in den Kapiteln „Ernährung“ und „Gesundheit“ behandelt. Auch nur in einem der beiden Bereiche nicht die notwendige Sorgfalt walten zu lassen, ist nicht nur verantwortungslos dem Hund gegenüber, sondern überdies im Zweifel auch sehr teuer.
Leider gibt es noch einige häufige Pflegefehler, die zwar in erster Linie das

äußere Bild des Welsh Terriers beeinflussen, aber auch seine Gesundheit beeinträchtigen können.
Wenn sich die Krallen des Welsh Terriers nicht mehr auf natürlichem Wege abschleifen, was bei den heutigen Lebensumständen häufig der Fall ist, dann müssen sie durch regelmäßiges Schneiden mit der Krallenzange kurz gehalten werden.
Überlange Krallen und Spreizpfoten sind keineswegs nur Schönheitsfehler, sie verändern nicht selten die Pfotenstellung (die Pfote dreht nach außen) und beeinträchtigen schließlich das Gangwerk insgesamt.
Zu Verfilzungen zwischen den Ballen, in denen sich leicht Schmutz und kleine Steine setzen, kommt es, wenn die Haare zwischen den Ballen nicht kurz gehalten werden. Warnzeichen dafür sind ständiges Lecken und Nagen an den Pfoten. Beim Krallenschneiden ist im Übrigen darauf zu achten, dass die Ader in der Kralle nicht verletzt wird.
Wird das Fell eines doppelhaarigen Hundes, so wie bei Welsh Terriern, der ein drahtiges Deckhaar und eine weiche Unterwolle besitzt, nicht regelmäßig zunächst mit einer Bürste und dann mit einem Kamm gepflegt, kommt es im ungünstigsten Fall zu Verfilzungen und Verknotungen, deren Beseitigung für das Tier sehr schmerzhaft sein kann.
Durch diese Verfilzungen der Unterwolle kann es zur Ekzembildung kommen.
Über große Reinlichkeit, wie häufiges Baden schadet nicht nur der Haarstruktur, denn das harte Deckhaar wird weich und verliert, sofern kein rückfettendes Shampoo verwendet wird, seine Fähigkeit, Schmutz abzuweisen, es schadet auch der Haut, denn deren natürlicher Säuremantel kann geschädigt werden, was eine stärkere Entzündungsneigung zur Folge hat.
Um Verklebungen am Barthaar zu vermeiden, sollte das Haar im Fangbereich nach jedem Fressen gereinigt werden. Außerdem sollte es selbstverständlich sein, dass die Afterregion nach jedem „Geschäft" kontrolliert und gegebenenfalls gesäubert wird.
Regelmäßige Fellpflege, die auf Grund des Massageeffekts für eine bessere Durchblutung der Haut sorgt und damit indirekt der Haarqualität zugute kommt, ist durch sporadische Großeinsätze nicht zu ersetzen. Und nur, wenn sich unser Welsh Terrier einmal in übel riechendem Unrat gewälzt

haben sollte, ist eine Dusche unter Verwendung eines rückfettenden Spezialshampoos fällig.
Schließlich kommen die Ohren mancher Welsh-Terrier-Welpen nicht in die richtige Stellung. Bei gutem Haarwuchs, sowohl unter den nach vorn fallenden Ohren wie auch auf den Ohren, hat der kleine Welsh Terrier es schwer, die Ohren richtig aus der „Muschel" zu tragen. Wenn hier nicht durch ein richtiges Kopf- und Ohrentrimming rechtzeitig Abhilfe geschaffen wird, wird er sich an diese Haltung gewöhnen und wenig Kraft in die entsprechende Muskulatur und Bewegung der Ohren legen.
Gerade bei Welsh-Terrier-Welpen ist es dringend angeraten, das Haar unter den Ohren kurz zu halten. Der Züchter übergibt den Welpen in der Regel schon mit einem gut zurechtgemachten Kopf.
Zur Pflege gehört auch ein regelmäßiges Trimming. Darauf wird noch in einem eigenen Kapitel eingegangen.

Grundlagen der Erziehung

Die Erziehung eines Welsh Terriers erfordert Konsequenz, Geduld und Einfühlungsvermögen - in dieser Hinsicht sind Hunde eben auch nur Menschen! - sowie die Kenntnis der Tatsache, dass Hunde nicht logisch, sondern assoziativ denken.
Dies bedeutet schlicht, dass selbst ein intelligenter Welsh Terrier üblicherweise nicht in der Lage ist, zwei in größerem zeitlichem Abstand stattfindende Ereignisse, die in ursächlichem Zusammenhang stehen, als ursächlich zusammenhängend zu begreifen.
Sein Denken vollzieht sich vielmehr in der Form, dass er zwei zeitlich unmittelbar aufeinander folgende Ereignisse in der Regel als zusammengehörig betrachtet. Dieser Umstand hat für die Erziehung der Hunde weitreichende Konsequenzen.
Das Strafen eines Hundes ist nur sinnvoll, wenn man ihm beim Begehen oder unmittelbar nach Begehen der Missetat ertappt. Als Strafe eignet sich ein scharfer „Anpfiff" und Schütteln des Hundes mit festem Griff im Nackenfell.

Auf diese Weise lernt der kleine Welsh Terrier sehr schnell, was er darf und was er nicht darf. Schläge sind als Strafe denkbar ungeeignet, ein kleiner Klaps kann jedoch unter Umständen vertretbar sein.
Um dem Hund klarzumachen, was er zu tun hat, ist ein unmittelbar nach der Leistung gespendetes Lob, unter Umständen auch in Form von Leckerbissen, das gebotene Mittel.
Wer seinen Welsh Terrier schon zehnmal vergeblich zu sich gerufen hat, muss ihn selbst wenn das Stimmungsbarometer auf Orkan steht, intensiv loben, wenn er dann gütigerweise beim elften Mal tatsächlich kommt.
Wer in einer solchen Situation die Selbstbeherrschung verliert und seinen Hund in dem Moment, in dem er zu ihm gekommen ist, bestraft, bewirkt damit nur, dass der Hund mit „auf Befehl zu Herrchen kommen" bündig „bestraft werden" assoziiert. Ein solcher Welsh Terrier wird seinen „Erzieher" in vergleichbaren Situationen nur noch mit Sicherheitsabstand umkreisen, was unter anderem das Anleinen erschwert.
Mit der Hand gestrafte Hunde können sogar handscheu werden.
Zur Erziehung eines selbstbewussten Hundes, wie es der Welsh Terrier einer ist, gehört auch, dass man geduldig das Befolgen einer einmal gegebenen Anordnung herbeiführt und dass man für ein und dieselbe Anordnung auch stets ein und dasselbe Kommando bei entsprechendem Tonfall verwendet.
Ein Welsh Terrier lernt so sehr schnell, wer sein Rudelführer ist, insbesondere dann, wenn dieser beim Erziehen klug genug ist, nur dann einen Befehl zu geben, wenn er ihn auch durchsetzen kann.
Im Übrigen: Wer nicht sofort mit der Erziehung seines Welsh Terriers beginnt, darf sicher sein, von ihm erzogen zu werden. Hundeerziehung lässt sich nun mal nicht aufschieben. Es ist kaum möglich, einem Hund klarzumachen, dass Dinge, die zwei Wochen geduldet oder gar mit Entzücken verfolgt wurden, plötzlich verboten sein sollen. Obwohl über die Erziehung zur Stubenreinheit oft recht seltsame Vorstellungen bestehen, ist sie üblicherweise nicht mit Schwierigkeiten verbunden.
Entscheidend ist, dass man sich einige Tage Zeit nimmt, den gerade erworbenen Welpen genau zu beobachten und die zeitliche Abfolge seiner Bedürfnisse kennen zu lernen, denn kleinere und größere Geschäfte

Der aufmerksame Wächter

kommen nicht aus heiterem Himmel.
Die Erfahrung lehrt, dass man mit folgender Faustregel in relativ kurzer Zeit sicher zum Erfolg kommt:
Wer mit dem Welpen nach dem Fressen, nach jedem Schlafen, zwischendurch spätestens nach jeweils eineinhalb bis zwei Stunden und dazu abends so spät und morgens so früh wie möglich nach draußen an den Ort geht, der auf Dauer sein Löseplatz sein soll, dort genügend Geduld für den Hund aufbringt und ihn nach Erledigung seiner Geschäfte ausgiebig lobt, hat sehr bald einen stubenreinen Hund, der anzeigt, wann er muss.
War der Welpe bei seinem Züchter daran gewöhnt, sich auf Zeitungspapier zu lösen, wobei die Zeitungsfläche im Laufe der Zeit immer kleiner wurde, so empfiehlt es sich grundsätzlich, dieses Verfahren insoweit beizubehalten, als man dem Welpen die Zeitung zunächst als Löseplatz lässt (im Idealfall auf dem Balkon oder auf der Terrasse).
Trotzdem sollte der Hund zu den genannten Anlässen und Zeiten regelmäßig nach draußen geführt werden, und zwar möglichst an einen Ort, dessen Untergrund dem Auslauf der Welpen beim Züchter ähnelt.
Der Welpe wird sich recht bald daran gewöhnen, seine „Geschäfte" draußen zu verrichten, da er den natürlichen Trieb hat, seine Behausung sauber zu halten, ganz davon abgesehen, dass es draußen interessanter riecht. Wenn man feststellt, dass ein Welpe sich nach dem Fressen oder Schlafen mit suchendem Schnüffeln unter auffälligen Drehungen niederhockt, kann man ihn noch hoch nehmen und nach draußen auf seinen Löseplatz tragen.
Bei einem Welpen, der mit der Zeitungsmethode erzogen wurde, wäre es jedoch problematisch, ihn noch hochzunehmen, wenn er sich auf seine Zeitung gehockt hat. Er könnte es nicht verstehen.
Ein wohlerzogener Welsh Terrier darf aber nicht nur seine Wohnung nicht verunreinigen, er soll sie auch bewachen und verteidigen. Letzteres gilt auch für seine zweibeinigen Rudelgefährten. Es gehört zur natürlichen Ausstattung eines Welsh Terriers, dies ohne große Anleitung zu tun.
Wer aber in eitler Freude darüber, dass er sich bei seinen Freunden mit einem außergewöhnlich attraktiven Hund zeigen kann, diesen von jedermann streicheln lässt, darf sich nicht wundern, wenn sein Welsh Terrier, den

Wachsamkeit und ein freundliches distanziertes Selbstbewusstsein gegenüber den Freunden des Herrchens auszeichnen, bald eine seiner schätzenswerten Gebrauchseigenschaften verliert und zu jedermanns Liebling wird. Von der Erziehung eines Welsh Terriers bis zu seiner Ausbildung ist es angesichts der hervorragenden Gebrauchseigenschaften des Hundes, eigentlich nur ein kleiner Schritt.
Leider wird dieser Schritt nur selten getan. Die Zahl der Welsh Terrier, die zu verkehrssicheren Begleithunden ausgebildet oder jagdlich geführt werden oder die Gelegenheit haben, sich mit Bravour auf Gebrauchshundeplätzen zu tummeln, ist in Deutschland leider noch gering.

Ausstellungen

Hundeausstellungen sind auf der ganzen Welt beliebt, und immer mehr Besucher sehen sich an den Ausstellungstagen die Hunde in den Ausstellungsringen oder auch in den oft vorhandenen Boxen an.
Nicht nur Züchter und Fachleute sind auf den Hundeausstellungen zu finden. Viele, die sich nur mal unverbindlich über diese oder jene Rasse informieren wollen, oder sich auch für eine spezielle Rasse interessieren, besuchen solche Veranstaltungen. Was die Welsh-Terrier-Freunde anbelangt, so finden sich immer mehr Interessenten, die wie auch die Züchter, ihre Liebhaberhunde auf Ausstellungen zeigen. Die Ausstellungsszene wird dadurch sehr belebt. Nicht nur Spitzentiere, sondern auch andere schöne Welsh Terrier werden gezeigt.
Eine Hundeausstellung bietet immer eine gute Möglichkeit, mit Leuten in Kontakt zu kommen, die eines gemeinsam haben: Die Liebe zu den Welsh Terriern. Schon dieser Umstand ist für Welsh-Terrier-Leute Anlass genug, jede Gelegenheit für einen Ausstellungsbesuch zu nutzen. Es lohnt sich immer, ob als Aussteller oder als Besucher.
Oft sind aber Ausstellungsprobleme für Außenstehende oder „Neulinge“ gar nicht oder nur schwer überschaubar. Deshalb im Folgenden ein paar Ratschläge für einen guten Ausstellungserfolg.
Für einen Aussteller ist die innere Verbundenheit zu seinem Welsh Terrier

Ein Foto aus den 70er Jahren: Die Welsh-Terrier-Förderin Lore Eggerking auf einer Ausstellung in England

die wichtigste Voraussetzung für die erfolgreiche Absolvierung einer Ausstellung.
Natürlich gehören auch ein gutes „Trimming“, d. h. ein standardgerechtes Zurechtmachen des Hundes für die Ausstellung und ein gutes Ringtraining, also ein gutes Verhalten von Hundeführer und Hund im Ausstellungsring, zur Ausstellungsvorbereitung. Das Wichtigste aber ist die innere Einigkeit von Hund und Aussteller.
Dazu gehört viel Liebe, denn nur gemeinsam können beide diese Aufgabe meistern. So gibt es auch keine Enttäuschung, wenn das Ergebnis nicht

ganz den Erwartungen entspricht.
Gewinnen kann immer nur ein Hund, schöne Hunde aber gibt es viele.
Natürlich habe ich im Laufe der Jahre auch meine ganz privaten Erfahrungen mit dem Ausstellungswesen gemacht, die mal gut und mal schlecht waren.
Gleich in meinen ersten Würfen fiel mir eine kleine Hündin auf, die sehr schön war. Sie war sehr neugierig und zeigte ein aufmerksames Interesse an allem was um sie herum passierte. Menschen gegenüber war sie zutraulich und freundlich, ihren Artgenossen trat sie selbstbewusst, aber niemals aggressiv gegenüber.
Cherly, so hieß diese Hündin, war nach einem Rüden gezogen, der damals in meiner Gegend sehr berühmt war und den alle mir bekannten Welsh-Züchter als Deckrüden benutzt hatten. So kamen viele der Nachkommen dieses Rüden irgendwann auf eine große Ausstellung. Alle Aussteller erhofften sich den Sieg. Aber keiner bekam eine gute Beurteilung, nur Cherly. Sie wurde damals sogar „Bester Terrier“ der Ausstellung und gewann einen Sonderpreis. Auch in den darauf folgenden Jahren gab es in meiner Gegend keinen schöneren Welsh Terrier. Sie gewann damals noch viele Siegertitel, so hatte ich in meiner Zucht am Anfang gleich etwas Glück.
Später wollte ich auf den Ausstellungen immer wieder gewinnen, oft klappte es aber nicht. Ich war meist sehr aufgeregt, ob der zu erwartenden Beurteilung der Zuchtrichter. Mir wurde dann klar, dass meine Nervosität sich auch auf den Hund übertragen hatte. So konnte sich kein Sieg mehr einstellen
Erst nach dieser Einsicht wurde es wieder besser.
Es ist reizvoll solche Erfahrungen zu machen, denn sie eröffnen uns oft Einblicke in unsere Gedanken und Gefühle, die es nur durch gemeinsame Erlebnisse mit unseren Welsh Terriern gibt.

Einteilung der Ausstellungen

Jeder, der seinen Welsh Terrier auf einer Ausstellung zeigen möchte, sollte sich vorher über Abläufe des Richtens, Klasseneinteilung Formwertnoten usw. informieren. Deshalb an dieser Stelle ein paar Erläuterungen.
Ausstellungen werden in Spezial-, Allgemeine Rassehunde- und Internationale Rassehunde-Ausstellungen eingeteilt. Welsh Terrier können auf allen diesen Ausstellungen gezeigt werden.
Auf diesen Ausstellungen können Anwartschaften, d. h. ein CAC (Certificat d'aptitude au Championnat) auf den Titel Deutscher Champion (KfT) und das Jugend-CAC als Anwartschaft auf den Titel KfT-Jugendchampion errungen werden.
Auch für den Titel Deutscher Champion (VDH) werden Anwartschaften für die Klassensieger vergeben, getrennt für Rüden und Hündinnen.
Allgemeine und Internationale Rassehundeausstellungen werden in überdachten Räumen durchgeführt. Sie haben VDH-Terminschutz bzw. die FCI-Anerkennung.
Auf einer Internationalen Rassehunde-Ausstellung kann eine Anwartschaft auf den Titel Internationaler Schönheitschampion, das CACIB (Certificat d'aptitude au Championnat International de beaute) erworben werden.
Siegertitel kann ein Welsh Terrier in Deutschland auf der Klubsieger-Ausstellung des KfT, der VDH-Europasiegerausstellung und der Bundessiegerausstellung erringen. Diese Veranstaltungen sind sehr beliebt, und besonders die letzteren locken auch internationale Gäste und deren Welsh Terrier nach Deutschland.
Wer sich also international über den Stand der Welsh-Terrier-Zucht informieren möchte, sollte es nicht versäumen, diese Ausstellungen in Dortmund zu besuchen.

Klasseneinteilung

Wer seinen Welsh Terrier ausstellen und sich um eine Anwartschaft auf einen Championtitel bewerben will, sollte sich von der Ausstellungsleitung

einen Meldeschein besorgen.
Bei der Meldung ist nicht nur der Meldeschluss, sondern auch die Klasseneinteilung zu beachten. In welcher Klasse soll der Welsh Terrier nun ausgestellt werden? Die Jüngstenklasse ist für Welsh Terrier im Alter von 6-9 Monaten.
Alle künftigen Ausstellungshunde können hier erstmals Ausstellungsluft schnuppern und sich mit ihrem neuen Betätigungsfeld vertraut machen.
Diese jüngsten Welsh Terrier brauchen dabei besondere Aufmerksamkeit und Aufmunterung, damit das erste Ausstellungserlebnis auch ein schönes Erlebnis wird.
Die **Jugendklasse** ist den Welsh Terriern im Alter von 9-18 Monaten vorbehalten. Wenn der Welsh Terrier in diesem Alter auch noch nicht voll entwickelt ist, sollte er von der Konstitution schon den endgültigen Typ erkennen lassen und sich selbstbewusst präsentieren. Junge Welsh Terrier mit hervorragender Konstitution können vielleicht schon mit 15 Monaten in der offenen Klasse gemeldet werden.
Er kann aber auch in der **Zwischenklasse** (ab 15 Monate) starten.
Die **offene Klasse** ist für Welsh Terrier mit einem Mindestalter von 15 Monaten. Nach oben ist das Alter offen. Dadurch ist diese Klasse in der Regel immer die Klasse mit den größten Meldezahlen.
Die **Championklasse** ist für Welsh Terrier, die mindestens 15 Monate alt sind und einen anerkannten Championtitel bzw. einen Siegertitel besitzen. Neben deutschen Siegertiteln werden auch bestimmte andere internationale Siegertitel anerkannt.
Dadurch sind auf Ausstellungen oft Hunde gleichen Alters in verschiedenen Klassen zu sehen. Erfahrene Aussteller versuchen so die Platzierung ihrer Hunde zu verbessern und der begehrten Anwartschaft näher zu kommen.
Um diese begehrten Anwartschaften konkurrieren dann im Stechen die Sieger der offenen, der Zwischen- und der Championklasse, bei anderen Rassen, wie z. B. bei Airedale Terriern und weiteren auch noch der Sieger der Gebrauchshundeklasse, für die ein anerkanntes Ausbildungszeichen erforderlich ist.
Bekanntlich erfolgt das Stechen der Hündinnen und Rüden getrennt.

Im Wettbewerb um den Rassebesten nehmen auch die Gewinner der Jugendklasse teil. Dazu werden Rüden und Hündinnen gemeinsam in den Ausstellungsring gerufen. Also wird der Rassebeste (Best of Breed; BOB) aus den Anwartschaftsgewinnern, den Jugendanwartschaftsgewinnern und dem besten Veteran der Rasse vom Zuchtrichter ausgesucht. Er wird auch den besten Rüden und die beste Hündin benennen.

Formwertnoten

Die Formwertnoten werden von Zuchtrichtern auf Ausstellungen nach strengen Regeln vergeben.
Die Formwertnoten wie vorzüglich, sehr gut, gut, genügend und nicht genügend drücken aus, in welchem Maße der Welsh Terrier dem Idealbild der Rasse, das durch den Rassestandard festgelegt ist, entspricht.
Vorzüglich ist die beste Bewertung, und die Bewertung vorzüglich 1 erhält der Klassensieger, so zum Beispiel in der offenen Klasse.
Man sagt, dass der Zuchtrichter nach der Ausstellung nur noch einen Freund hat, nämlich den Besitzer des Siegerhundes. Das muss nicht so sein, wenn der Sinn der von der FCI festgelegten Formwertnoten richtig verstanden wird.
Es kann nur einen Sieger geben, aber schöne Welsh Terrier gibt es viele. Deshalb gibt es auf jeder neuen Ausstellung auch für jeden Welsh Terrier wieder eine neue Chance für den Sieg. Der Richter hat eine große Verantwortung durch die Vergabe von Formwertnoten, denn dem Sieger, dem Ausstellungsideal, werden alle nacheifern und diesen Hund als Vorbild für die Zucht, für das Trimming oder auch für das Handling ansehen.
Die Entwicklung der Rasse wird so auch immer auf Ausstellungen durch die Nominierung der Sieger, durch die Vergabe von Formwertnoten bestimmt. Deshalb dürfen niemals einzelne Standardpunkte gegen andere abgewogen werden.
Nur die Harmonie aller Standardpunkte, das gefällige Zueinanderpassen von Anatomie, Haar, Wesen und Vorführung durch den Aussteller ist das Kriterium für den Sieg.

Wie kommen Formwertnoten zustande?

Vorzüglich darf nur einem Hund zuerkannt werden, der dem Idealbild der Rasse sehr nahe kommt, in ausgezeichneter Verfassung vorgeführt wird, ein harmonisches, ausgeglichenes Wesen ausstrahlt, der „Klasse“ und eine hervorragende Haltung hat.
Seine überlegenen Eigenschaften werden kleine Unvollkommenheiten vergessen machen, aber er wird die typischen Merkmale seines Geschlechtes besitzen.
Sehr gut wird nur dem Welsh Terrier zuerkannt, der die typischen Merkmale seiner Rasse besitzt, von ausgeglichenen Proportionen und guter

Der Autor stellt einem erfahrenem Zuchtrichter seinen Nachwuchsrüden vor

Verfassung ist. Man wird ihm einige verzeihliche Fehler nachsehen, jedoch keine morphologischen. Dieses Prädikat kann nur einem Klassehund verliehen werden.
Gut ist einem Hund zuzuteilen, der die Hauptmerkmale seiner Rasse zwar besitzt, aber Fehler aufweist.
Genügend erhält ein Welsh Terrier, der seinem Rassetyp genügend entspricht, ohne dessen allgemein bekannte Eigenschaften zu besitzen beziehungsweise dessen körperliche Verfassung zu wünschen übrig lässt.
Disqualifiziert wird ein Hund, der nicht dem durch den Standard vorgeschriebenen Typ entspricht oder der nach dem für ihn geltenden Standard einen schweren und disqualifizierenden Fehler hat. Auch aggressive Hunde fallen darunter.

Trimming

Aller Anfang ist schwer, so auch der des Trimmens. Anleitungen und gute Ratschläge gibt es für jeden, der es versuchen will, genug. Viele verzweifeln aber am ersten Versuch und gehen schließlich doch in einen Trimmsalon.
Ich hatte einen „Master of Trimming“ als Lehrmeister, nämlich den eingangs schon erwähnten Tierarzt. Er konnte es perfekt, leider erreichte ich lange nicht sein Niveau. In Wahrheit hatte auch er seinen Meister und ich gab nicht auf.
Als ich seine Anweisungen, Tipps und Ratschläge für ein fachgerechtes Trimming meines Welsh Terriers erhalten hatte, fing ich an es zu versuchen. Zuerst die schwarze Decke. Es ging gut und bald lag sehr viel davon auf dem Boden. Endlich war es geschafft und mein kleiner Welsh war froh, dass er wieder frei laufen konnte. Nachbarn sprachen mich in den nächsten Tagen öfter auf das Aussehen meines Hundes an und meinten nach meiner kurzen Erklärung, dass es mir wohl misslungen sei.
Bei den täglichen Spaziergängen sollte ich auch immer dorthin mitkommen, wo es für meinen Welsh am interessantesten war.
Er interessierte sich niemals dafür, was ich im Sinn hatte. Das war nicht gut

für eine Ausstellung. Es ist so: Bis ein kleiner Welsh Terrier ein richtiger Ausstellungsprofi wird, gibt es für den Hund und seinen Besitzer viel zu tun.

Verstehen sie den Begriff Trimming nicht so wie ich am Anfang, nur als das schöne Zurechtmachen des Hundes, sondern mehr als eine umfassende Vorbereitung des Hundes auf seinen Ausstellungsauftritt.

Der Welsh Terrier sollte regelmäßig für diese Aufgabe trainiert werden.

Bei allen Aufgaben, die mit dem Hund in dieser Hinsicht zu lösen sind, ist immer der körperliche und sprachliche Kontakt zwischen dem Hund und seinem Trainer von Bedeutung. Damit wird dem Hund Vertrauen und Geborgenheit vermittelt.

Frau Elke Peper hat uns in ihrem Buch „Gutes Handling“ einen besonders guten Weg zum Ausstellungserfolg aufgezeigt und viele Beispiele gebracht. Sie hat sich mit diesem Buch große Verdienste um niveauvolle Ausstellungen erworben und sich selbst ein bedeutendes Denkmal gesetzt. Wenn Sie die Welt der Hundeausstellungen verstehen wollen, sollten Sie es lesen.

Schon im Umgang mit dem Welpen kann durch nachsichtiges Training und durch freudiges Arbeiten an der Leine ein geduldiges Ausharren bei der Haar- und Körperpflege sowie ein sicheres und selbstbewusstes Auftreten beim Spiel beziehungsweise beim Umgang mit Artgenossen erlernt werden.

In den Phasen, die die Entwicklung des jungen Welsh Terriers prägen, kann oft mühelos alles erlernt werden, was im Ausstellungsring benötigt wird.

Der Hundebesitzer ist deshalb gut beraten, möglichst jeden Tag ein paar kleine Übungen mit seinem Welsh Terrier zu machen.

Mit etwas Einfühlungsvermögen lassen sich die Vorzüge, aber auch die Schwachstellen des Hundes erkennen. Sehr schnell wird dabei deutlich, ob der Welsh auch ein „Showman“ wird oder ob er in Haus und Hof besser aufgehoben ist.

Ein paar Grundregeln sollte jedoch jeder Welsh Terrier beherrschen. Deshalb muss schon der Welpe darauf vorbereitet werden. Er wird täglich auf einen Tisch gestellt und vielleicht schon einmal in eine Showposition gebracht.

Der Welpe gewöhnt sich daran, und das Auge des Besitzers übt sich für die Einschätzung anatomischer Gesichtspunkte. Dabei wird der Hund an das Kämmen, Bürsten und an andere Pflegemaßnahmen gewöhnt. Gleichzeitig können im Fang die Zähne kontrolliert werden.
Anfänglich wird der Welpe sich allem widersetzen wollen und muss mit Geduld, aber bestimmt zurechtgewiesen werden, bis er sich den Befehlen beugt.
Gewalt ist hier fehl am Platze. Es gibt nur das tägliche Üben und stets eine Belohnung. Hat der Welpe sich daran gewöhnt, kann auch schon täglich etwas Haar abgetrimmt werden. Das bereitet dem Kleinen keinen Schmerz.
Ein Aufbegehren resultiert nur daraus, dass er auch hier seinen Willen durchsetzen will, was natürlich nicht geduldet werden darf. Ansonsten wird er auch bei anderen Gelegenheiten aus der Reihe tanzen wollen. Hat das bis hierher gut geklappt, kann der erste Trimmversuch beginnen.
Der Welsh Terrier wird zunächst auf dem Tisch gekämmt und gebürstet. Auch hier wird nicht mit Lob gespart. Durch langes Stehen wird der Hund schnell ermüden. Pausen und Abwechslung sollten deshalb eingelegt werden.
Auch lassen sich zum Beispiel Rücken und Nacken generell im Sitzen trimmen. Unnötige Überanstrengungen können vermieden werden.
Mit viel Lob wird so der Welsh Terrier alles bald als ganz normal empfinden und geduldig hinnehmen.
Für das Trimmen selbst benötigt man das entsprechende Trimmwerkzeug. Ein Trimmesser ist das wichtigste Werkzeug. Es gibt sehr schöne zu kaufen, die besten aber sind oft die Selbstgefertigten. Hinweise dazu gibt jeder Züchter.
Zur Handhabung wäre zu sagen, dass man das Fell von der zu trimmenden Stelle mit einer Hand festhält und mit der anderen das Trimmesser betätigt. Beim Trimmen drückt man die Haare, die abgetrimmt werden sollen, gegen die gezahnte Klinge und reißt sie ruckartig heraus. Beim Drehen des Messers werden die Haare oft abgeschnitten und der gewünschte Effekt wird nicht erreicht.
Wichtig ist, Messer mit grobem Schliff für das Abtrimmen während des

Haarwechsels oder zum Vortrimmen der Decke und solche mit feinem Schliff zum Schaffen von Übergängen und für alle kurz zu haltenden Flächen zu verwenden.
Für Welsh Terrier reicht eine kleine Klippschere. Kurz getrimmte Stellen können damit noch einmal nachgeschnitten werden, um gleiche Haarlängen zu erreichen, die Anwendungswirkung ist jedoch unterschiedlich, je nachdem, ob sie in Wuchsrichtung oder entgegen der Wuchsrichtung des Haares angesetzt wird.
Eine Schere wird gebraucht zum Besäumen der Ohren und zum Entfernen der Haare zwischen den Zehen und Ballen. Sie sollte nicht zu spitz, sondern eher etwas gerundet sein, um Verletzungen vorzubeugen.
Letztlich gehört sie aber ebenso wie eine Effilierschere in die Hände von Profis, da leicht unschöne Stufen geschnitten werden können.
Zum Kämmen wird ein Stahlkamm verwendet, dessen Zinken nicht zu eng stehen sollten. Sonst wird neben dem abgestorbenen Haar auch das neue Haar ausgekämmt.
Als Bürste eignet sich eine Drahtbürste, deren Borsten in Gummi eingelagert sind und die beim Bürsten nachgeben. Damit können ebenfalls abgestorbene Haare und die weiche Unterwolle ausgebürstet werden.
Sehr wichtig ist es zu wissen, dass auch Daumen und Zeigefinger wichtige Trimmwerkzeuge sind, die an bestimmten Stellen eingesetzt, den besten Erfolg bringen, so zum Beispiel an den Augenbrauen oder an der Beinbehaarung.
Begonnen wird das Trimming am Nacken, der vom Hinterhauptbein bis zum Widerrist nicht zu kurz zu trimmen ist. Übergänge müssen zum längeren Rückenhaar und zum kürzeren Schulterhaar mit dem Messer oder mit Daumen und Zeigefinger geschaffen werden.
Danach werden Rücken und Lendenpartie mittellang getrimmt, die Unterwolle ist gegebenenfalls auszudünnen. Übergänge müssen auch zur seitlichen Brustpartie hin vorhanden sein. Die seitliche Brust ist kurz zu trimmen, mit Übergängen zur Unterbrust.
Die Flanken dürfen nicht zu stark zurückgetrimmt werden, da sie stark und kräftig wirken sollen.

Die Haare an der Unterbrust bleiben stehen, nur die Spitzen werden so beschnitten, dass eine leicht ansteigende Linie zur Hinterhand entsteht. Besser aber ist es, die längeren Haare einzeln mit Daumen und Zeigefinger zu entfernen. Die gewünschte Linie sieht dann viel natürlicher aus. Das untere Brusthaar sollte ungefähr bis zum Ellenbogen reichen.
Der Kopf, dessen Schädeldecke hinter den Augenbrauen beginnt, wird kurz getrimmt, wobei auf den Übergang zum längeren Nackenhaar geachtet werden muss. Lassen sie es am Hinterhauptsbein nicht zu lang.
Die Wangen werden ebenfalls kurz getrimmt.
Die Augenbrauen sollten 2-3 cm lang sein. Sie werden nach vorn gekämmt und haben eine dreieckige Form, die zu den äußeren Augenwinkeln hin ausläuft.
Die Ohren sind sowohl innen wie außen kurz zu trimmen. Die Ränder sind mit der Schere so zu besäumen, dass eine gerade Linienführung erreicht wird.
Das Vorgesicht wird in die Barthaare einbezogen und nur die Spitzen egalisiert. Der Bart selbst wird nur etwas ausgedünnt. Am Unterkiefer wird das hintere Drittel bis zur Kehlhaut kurz getrimmt bzw. geschnitten.
Jetzt kommen Schultern und Vorbrust an die Reihe. Die Schultern werden bis zu den Ellenbogen kurz getrimmt, ebenso an der Vorbrust von der unteren Halspartie bis zwischen die Vorderläufe.
Das Gleiche gilt für die Afterregion. Die Rute wird so bearbeitet, dass das obere Haar auf eine mittlere Länge getrimmt wird und die unteren Haare in Wuchsrichtung mit der Klippschere oder einer elektrischen Haarschneidemaschine beschnitten werden.
Die Vorderläufe sollen gleichmäßig rund sein. Alle überstehenden Haare sind mit Daumen und Zeigefinger abzutrimmen. Der Übergang ist bis zum Ellenbogen hin zu schaffen.
An den Pfoten sind, wie schon beschrieben, die Haare zwischen den Zehen und Ballen abzuschneiden. Die Ballenränder sind ebenfalls zu umschneiden.
An den Hinterläufen unterscheiden wir noch Schenkel, Sprunggelenke und den Hintermittelfuß. Die Schenkel sind nur wenig durchzutrimmen, die Innenseiten und die hintere Seite werden kurz gehalten.

Kopf von vorn

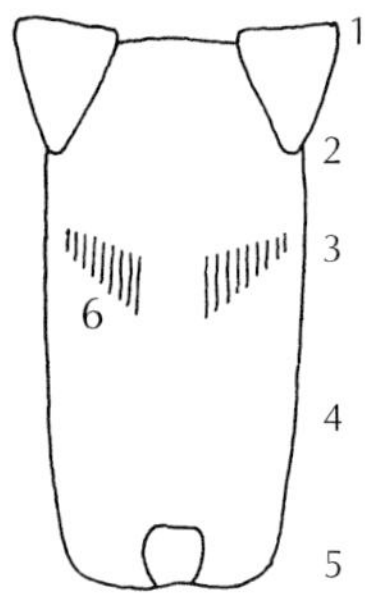

Richtig

1 Kleine, kurz besäumte dreieckige Ohren
2 Ganz kurz abtrimmen
3 Dreieckige Form der Augenbrauen
4 Haare länger lassen
5 Haare verkürzen, zur geraden Linie ausgleichen
6 Haare nicht unter den Augen abtrimmen, zwischen den Augen kurz halten

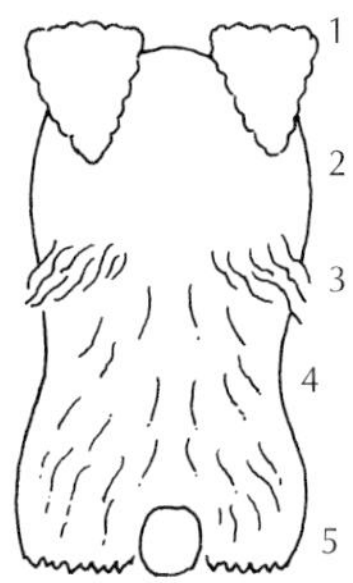

Falsch

1 Ohren unbesäumt
2 Jochbögen mit der Maschine kurz geschnitten, aber betont
3 Lange Augenbrauen, nicht modelliert
4 Haare zum Fang, unter den Augen abgetrimt
5 Unbeschnittene Seitenhaare

Vorn wird das Kniegelenk etwas betont, das Haar lang gelassen.
Im Sprunggelenk ist der Höcker kurz zu trimmen. Der Hintermittelfuß wird gleichmäßig rund getrimmt und das Haar lang gelassen.
Für den Welsh Terrier ist eine Trimmhäufigkeit von 3- bis 4-mal jährlich zu empfehlen. Er wird dann immer ein rassetypisches Bild hinterlassen, sich selber wohl fühlen und ihnen vom Aussehen her viel Freude bereiten. Für ein Ausstellungstrimming sind noch ein paar Extrahinweise erforderlich. Vorausgesetzt, dass alle Standardpunkte des Welsh Terriers bekannt sind und ein doch schon etwas geschulter Blick Vorzüge und Nachteile bzw. Unzulänglichkeiten aus anatomischer Sicht erkannt hat, wird durch ein professionelles Ausstellungstrimming versucht, den allerbesten harmo-

Kopf von der Seite

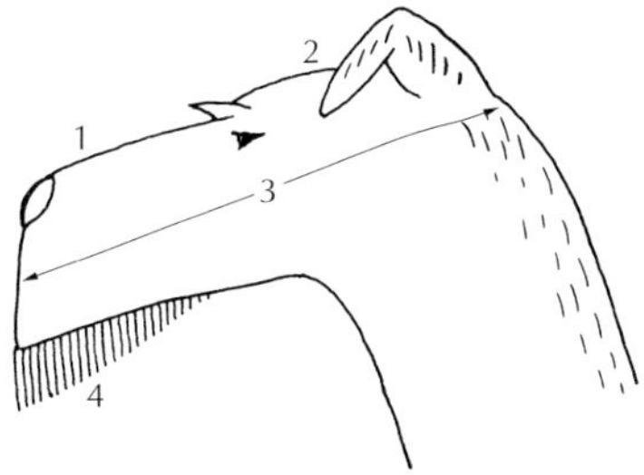

Richtig *(längsbetonter Kopf)*

1 und **2**
Oberkopf und Nase bilden eine Gerade, parallele Bogen nicht stark betonen
3 optisch lang
4 schlankes Kinn

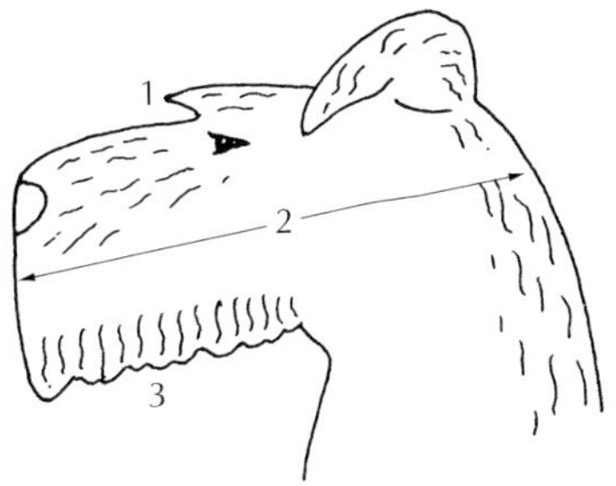

Falsch *(verkürzt wirkender Kopf)*

1 Haare sehr üppig, Profil klobig, keine straffe Linienführung
2 Optisch kurz
3 volle Bartbehaarung

nischen Eindruck für den Welsh Terrier zu erwecken und dadurch die besondere Aufmerksamkeit des Richters zu gewinnen.
In diesem Falle wird unabhängig vom letzten Trimmtermin ca. acht bis zwölf Wochen (Haarwachstum ist von Hund zu Hund unterschiedlich und oft auch jahreszeitbedingt) vor der Ausstellung der Nacken, der Rücken und die Seitenpartie der schwarzen Decke abgetrimmt, aber bitte nur das Deckhaar. Der Hund soll auch durch die noch vorhandene Unterwolle immer noch schwarz aussehen. Nach weiteren drei Wochen kann dann noch einmal total nachgetrimmt werden.
Das frische, drahtige Haar hat dann nach dieser Zeit gerade solche Länge erreicht, dass es bei weiterem Wachstum die nachwachsende Unterwolle

Gestaltung der Rückfront

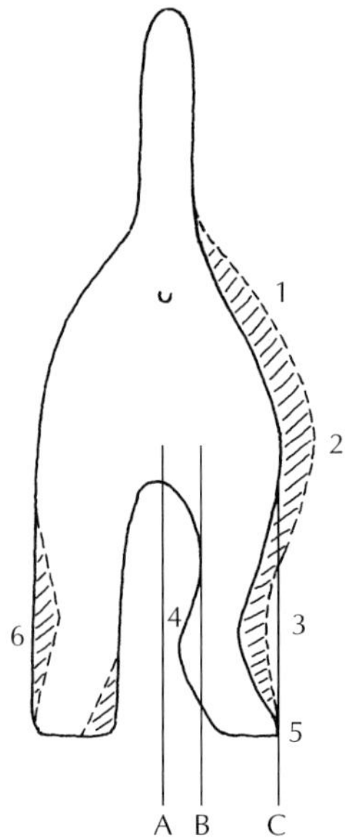

1 Zur linken Form ausgleichen
2 Haare maximal kürzen
3 Haare länger lassen
4 Maximal kürzen
5 Auf der äußeren Zehe Haare kürzen
6 Ein Ausdrehen wird nicht sichtbar

Linien B und C müssen parallel verlaufen und zu Mittellinie (A) einen möglichst großen Abstand haben, damit die Hinterläufe gerade erscheinen.

überdeckt. Die „Decke" ist nun in einem idealen, frischen Zustand, der den Ausstellungsansprüchen gerecht wird.
Hat unser Welsh Terrier einen etwas langen Rücken, eine abfallende Kruppe oder auch einen steilen Übergang zur Halslinie, so werden an diesen Stellen die Haare nicht heruntergetrimmt. Eventuell wird dann das Haar auf der Kruppe vor dem Rutenansatz oder auf dem Widerrist schon zwei bis drei Wochen vor dem Totaltrimming abgetrimmt.
Der Rücken wird durch den Wachstumsverlauf des Haares an diesen Stellen optisch kürzer erscheinen, der Rutensitz wird verbessert und eine gefälligere obere Linienführung erreicht.
Auch bei nicht ausreichender Rippenwölbung wird dadurch Abhilfe geschaffen, dass das Haar an den Seiten des Brustkorbes noch früher abgetrimmt wird und zum Austellungstermin schon 12-14 Wochen alt ist. Generell müssen immer zwischen langhaarigen und kurzhaarigen

Hinterhand (Seite)

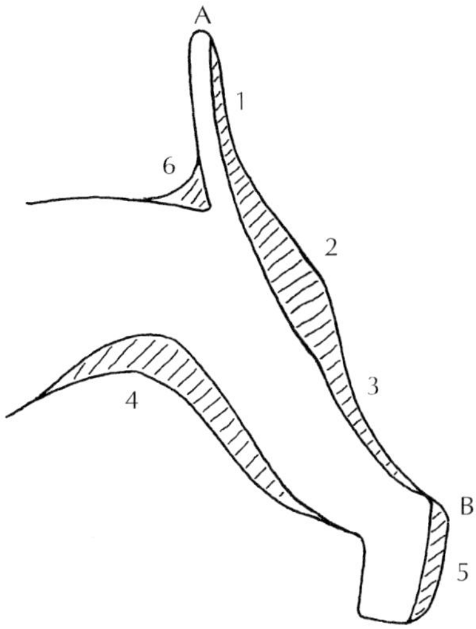

1 Schraffierte Fläche ganz kurz halten, Länge der Unterschenkel wird betont
2 Höhe ca. 2 cm
3 Winkelung betonen
4 Langes haar
5 Langes Haar
6 Haar am Rutenansatz lang

Ducrch diese Gestaltung erscheint der Hund im Rücken und zwischen Vorder- und Hinterläufen kurz, Kruppenabfall verschwindet.
Bei längerem Haar auf der Linie AB wirkt der Hund länger.

Rächen Übergänge geschaffen werden. Für den Welsh Terrier wird ein quadratisches Gebäude verlangt. Dieser Eindruck wird zum Beispiel auch durch Manipulation der unteren Brusthaare und der Behaarung an den Vorder- und Hinterläufen erreicht.
Ist sehr viel langes Haar vorhanden - man sagt, der Hund ist tiefgestellt - kann das Haar gekürzt werden und mit der Schere oder auch mit der Hand zu einer gefälligen aufsteigenden Linie geformt werden. Dadurch wird mehr Bodenfreiheit erreicht.
Die optische Verkürzung wird durch die kurz gehaltene Behaarung an der vorderen Brust und auf der Hinterseite der Hinterläufe erreicht.
Falls nur wenig Haar vorhanden ist, kommt das eben Beschriebene nicht in Frage. Im Gegenteil, es muss alles getan werden, um jedes Haar in seiner vollen Länge zu erhalten.
An den Läufen kann das Haar auf der Ausstellung nach oben gekämmt

Vorderfront

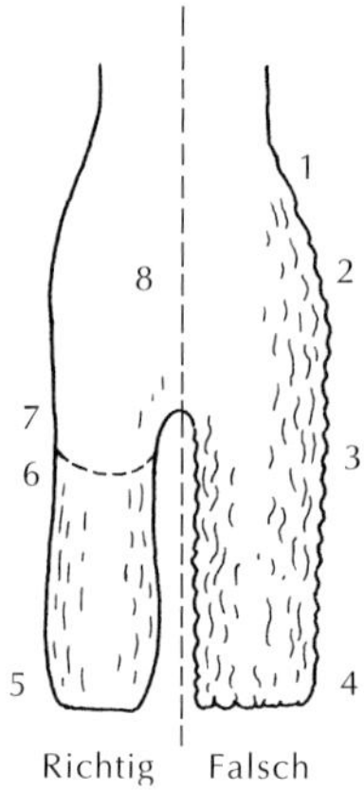

1 Wenig Eleganz
2 Ungekürztes Haar auf den Schultern und am Ellenbogen
3 Ellenbogen abstehend
4 Füße wie Tonne, unmodelliert
5 Kleiner Fuß
6 Der Übergang zur längeren Behaarung etwas heruntergezogen
7 Haare auf dem Ellenbogen gekürzt
8 Kurz

Rückfront

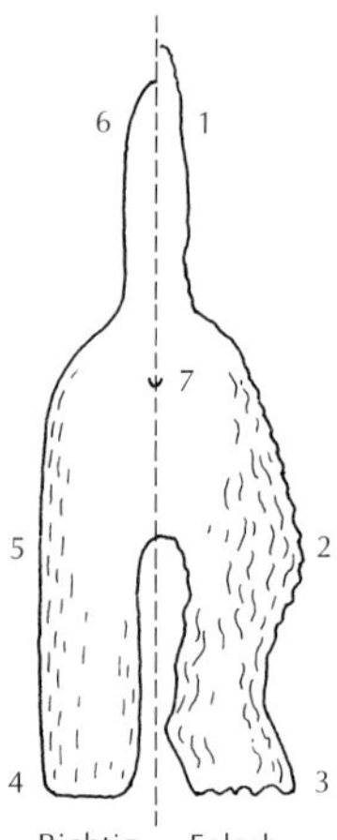

1 Rute in unschöner Form
2 Beine wie mit Reiterhosen, Knie nach außen gedreht
3 Füße nach außen gedreht
4 Füße ideal gerade
5 Gerade Ober- und Unterschenkel
6 Rute formschön abgerundet, nicht zu dünn (kein Rattenschwanz)
7 Kurz

werden, um den Eindruck stärkerer Läufe zu erreichen. Der Welsh Terrier soll von vorn und von hinten betrachtet einen ordentlichen und geraden Eindruck hinterlassen. Deshalb sind die Schultern kurz zu trimmen und harmonische Übergänge zur längeren Behaarung durch ein zeitlich gestaffeltes Trimming

Seitenansicht (vorn)

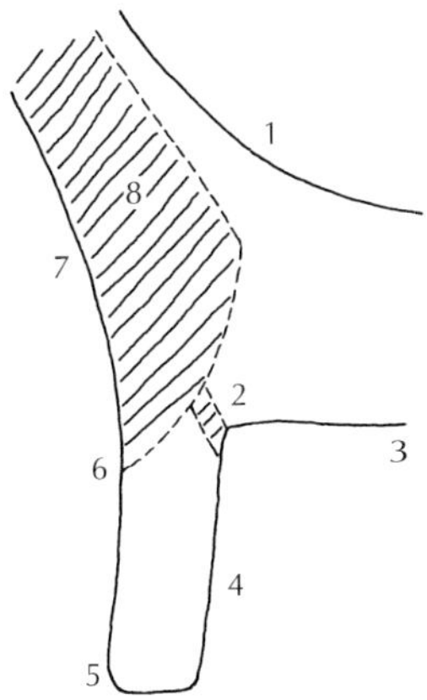

Richtig

1 Langer Hals, hoher Widerrist mit gefällig abfallender Linie
2 Ellbogen, haare kurz
3 Untere Linie gerade beschnitten, gefällig ansteigend
4 Auf gleiche Länge bringen
5 Haare auf den Zehen gekürzt, stehen nicht über
6 Anfang der langen Haare
7 Gerade Front
8 Fläche (kurz) max. 3-5 mm

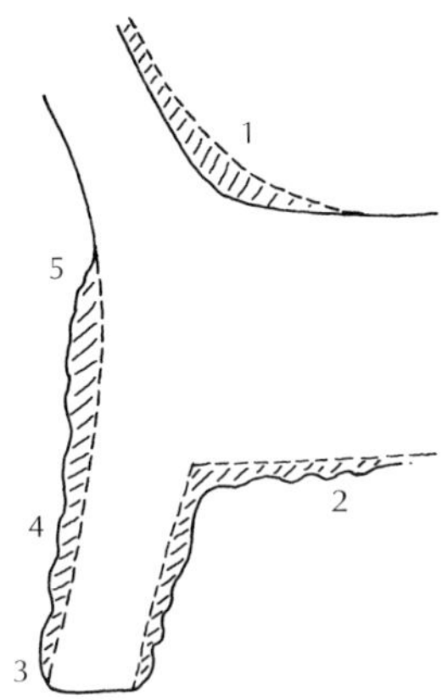

Falsch

1 Bei scharfem Übergang zum Rücken darf das Haar nicht abgetrimmt werden (Widerrist betonen)
2 Keine glatt verlaufende untere Linie, Haare am Brustkorb nicht beschnitten
3 Bei zu langen Haaren auf den Pfoten wirken sie abstehend (durchtreten), Nägel beschneiden
4 Haare an den Läufen unausgeglichen
5 Lange haare auf dem Brustkorb (Hund wirkt länger)

oder durch Beschneiden mit einer Effilierschere zu schaffen.
Die Schenkel sollten so getrimmt werden, dass sie nicht wie Reiterhosen aussehen. Die Linien sind immer gerade zu halten.
Noch ein Wort zum Kopf. Er soll kastenförmig sein und eine klare

Hoffnungsvoller Nachwuchsrüde im Alter von 6 Monaten, schon gut getrimmt

Linienführung haben. Man hüte sich davor, unter den Augen die Haare herauszutrimmen. Zwischen den Augen ist das Haar bis auf die Höhe der inneren Augenwinkel abzustimmen, um eine durchgängige gerade obere Kopflinie möglich zu machen, den Stop verschwinden zu lassen und den Kopf optisch zu verlängern.

Welsh-Terrier-Zucht

Biene hieß meine erste Zuchthündin. Sie hatte vor meiner Zeit bei einem anderen Züchter schon einige Würfe bekommen und war dadurch erfahren in ihren Mutterpflichten. Ich stellte mir vor, dass es so für mich leichter sein würde, meinen ersten Wurf aufzuziehen. Sie hatte berühmte Vorfahren, sogar eine Weltsiegerin war darunter. Beste Vorraussetzungen für eine erfolgreiche Zucht, so meine Gedanken. In der Nähe stand ein Deckrüde, von dem ich sie belegen ließ. Nach Wochen kamen die kleinen Welpen auf die Welt, sechs Stück. Es ging mit der Geburt alles gut und Biene sorgte sich sehr. Unser Glück schien vollkommen zu sein, endlich hatte ich meine eigenen Welpen, kleine Siewert-Welsh-Terrier, darüber vergaß ich alles. So groß war meine Freude.

Damit die Hündin und der Wurf auch unter Kontrolle waren, hatte ich alle in der Küche untergebracht. Die Wurfkiste stand direkt am Fenster, weil es hier schön hell war und außerdem stand sie nicht so im Wege. Allerdings wurde beim Kochen das Fenster lange geöffnet, wegen der frischen Luft und damit der Dunst aus der Küche abziehen konnte.

Die kleinen Welpen machten bald sehr viel Krach. Oh dachte ich, ein sehr lebendigen Wurf und merkte nicht, dass alle erkältet waren. Die frische kalte Luft war durch das geöffnete Fenster immer auf die kleinen Welpen gefallen. Das konnte so ein neugeborener Welpe natürlich nicht vertragen und ich habe es nur einer einfühlsamen, klugen Tierärztin aus meinem Ort zu verdanken, dass doch alle am Leben blieben.

Unbedingt wollte ich eine Hündin und einen Rüden aus diesem Wurf behalten, diese ausstellen und auch später damit züchten. So einfach war es aber nicht, denn so schön wurde mein Pärchen nicht.

Dem Rüden gegenüber war ich zu dominant. Er wollte später nicht decken. Erst als ich ihn verkaufte, bekam er noch zahlreiche Nachkommen. Das war Addi.

Ada bekam Berli und diese später wiederum in jedem ihrer Würfe vorzügliche Welpen. Nicht immer sind berühmte Ahnen in der Zucht eine Garantie für weitere schöne Hunde. Manchmal dauert es wieder Gene-

Welsh-Terrier Champion auf einer Postkarte eines englischen Futtermittelherstellers

rationen, bis sich ein Erfolg einstellt.
Welsh Terrier zu züchten, das bedeutet viel mehr, als nur einmal etwas Spaß an der Aufzucht kleiner Welpen zu haben. Der Züchter muss immer die Wurzeln der Rasse vor Augen haben und in diesem Sinne die Verantwortung für sein Produkt, die neuen Welsh Terrier, übernehmen.
Nur der Züchter, der das Wesen der Rasse versteht und eine Brücke zwischen heutigen Ansichten und den Ursprüngen der Rasse schlagen kann, sollte sich an das Abenteuer Zucht wagen. Nur derjenige, der weiß, welche Zuchtideen die Rasse bisher vorangebracht haben und der diese Ideen in den heutigen Welsh Terriern wiederfindet, der sollte versuchen, solche Welsh Terrier zu züchten, wie sie in diesem Buch beschrieben und gezeigt werden. Dabei gilt immer und für jedermann der Grundsatz, nur mit den besten Zuchttieren zu züchten. Wenn auch der Klub für Terrier in Deutschland für die Welsh-Terrier-Züchter Hilfe und Anleitung gibt, so braucht doch jeder Züchter für seine Zucht viel Zeit und Platz für seine Hunde.
Die Liebe zur Rasse allein ist kein Garant für eine erfolgreiche Zucht; es müssen ausreichend gute Kenntnisse über Zuchtprobleme dazukommen.

Zuchtbestimmungen des KfT für Welsh Terrier

Zuchtbestimmungen sind immer sehr konkret. Sie werden aber auch von vielen Faktoren beeinflusst.

Sie gehen mit der Zeit, werden verändert und konkretisiert, sind aber zu jeder Zeit so ausgerichtet, dass schöne, gesunde und wesensstarke Welsh Terrier gezüchtet werden können.

Rassehunde können ihre Reinrassigkeit durch eine anerkannte Ahnentafel nachweisen. Im KfT werden nur solche Hunde zur Zucht zugelassen.

Es kann also im Klub nur mit Welsh Terriern gezüchtet werden, deren Reinrassigkeit durch eine vom VDH (Verband für das Deutsche Hundewesen) anerkannte Ahnentafel nachgewiesen werden kann.

Im Sinne des Tierschutzgesetzes sind in den Zuchtbestimmungen des KfT Vorschriften zur artgerechten Haltung der Welsh Terrier verankert.

Vor der Zuchtverwendung muss der künftige Zuchthund, gleich ob Rüde oder Hündin, auf einer Zuchtzulassungsprüfung vorgestellt werden. Dabei erfolgt eine Beurteilung des Welsh Terriers anhand des Rassestandards, und was auch sehr wichtig ist, eine Prüfung des rassetypischen Wesens und sein soziales Verhalten. Dabei kann natürlich nichts über den Zuchtwert dieser Hunde gesagt werden. Es gibt dabei auch keine Garantie für einen erstklassigen Nachwuchs dieser beurteilten Hunde.

Hündinnen dürfen vom vollendeten 15. Lebensmonat an bis zum vollendeten 8. Lebensjahr, Rüden vom vollendeten 9. Lebensmonat an ohne obere Altersbegrenzung zur Zucht verwendet werden.

Hat eine Hündin mehr als sechs Welpen geworfen und aufgezogen, unterliegt sie einer zwölfmonatigen Zuchtpause. Sind es nur sechs oder weniger Welpen, kann auch die nächste Hitze wieder zur Zucht genutzt werden.

Nach zwei Würfen innerhalb eines Jahres erfolgt jedoch zwingend eine einjährige Zuchtpause.

Mehr als zwei Würfe in drei Jahren sind dadurch nicht möglich. Auf diese Weise wird sichergestellt, dass die Zuchthündin entsprechend ihrer körperlichen Möglichkeiten belastet wird.

Der Deckrüdenbesitzer muss über jeden Deckakt eine Deckbescheinigung

Welsh-Terrier-Meute „aus der Bauernhöhle“ von Lore Eggerking

ausstellen. Die aufgezogenen Welpen dürfen frühestens in der achten Lebenswoche abgegeben werden. Zuvor muss ein Zuchtwart den Wurf zweimal besichtigt und abgenommen haben. Dabei werden die Welpen mit ihrer Zuchtbuchnummer tätowiert. Der Zuchtwart füllt einen Wurfmeldeschein aus und fertigt einen detaillierten Bericht über den Wurf. Aufgrund dieser Wurfmeldung werden nach entsprechender Bearbeitung vom Zuchtbuchamt die Ahnentafeln für die Welpen ausgestellt.

Der Wurfmeldeschein und der Bericht des verantwortlichen Zuchtwartes gibt Auskunft über die Aufzucht des Wurfes und den Zustand der Welpen. Diese Dokumente sind beim Züchter einzusehen. Welpenkäufer sind gut beraten, diese Möglichkeit bei Züchtern zu nutzen, um sich von der Durchführung aller notwendigen Impfungen und Wurmkuren zu überzeugen.

Die Zuchtbestimmungen sind geeignet, die Welsh-Terrierzucht in Deutschland

Ein ausgeglichener Welsh- Terrier Wurf im Alter von acht Wochen

zu fördern, ohne in die Eigenverantwortung der Züchter einzugreifen.
Neben den Zuchtbestimmungen des KfT sollten sich die Züchter auch mit den Vorschriften der Zuchtordnung des VDH und mit dem „Zuchtrecht von Bern“, dem internationalen Zuchtreglement der FCI vertraut machen.

Züchterisches Grundwissen

Es gibt schon sehr hervorragende Fachbücher über die Hundezucht, über Vererbungslehre und viele andere Sachgebiete, die dieses Thema berühren. Es ist sehr wichtig, diese zu kennen und sich mit ihrem Inhalt bekannt zu machen, denn wie anders sollte man sonst eine erfolgreiche Zucht aufbauen.
Bekanntlich aber führen viele Wege nach Rom, und was für den einen gut ist, muss für den anderen noch lange nicht von Bedeutung sein.

Es ist aber doch unbestritten, dass wir gesunde, wesensstarke Welsh Terrier züchten wollen, die ihrer Zweckbestimmung nach leben und sich gesund und munter entwickeln können.
Wenn die Zuchthündin auf einer Zuchtzulassungsprüfung eine gute Einschätzung bekommen hat und auch auf einer Ausstellung mit einer hervorragenden Beurteilung sogar einen vorderen Platz in ihrer Klasse belegt hat, kann daran gedacht werden, sie für die Zucht zu nutzen. Der Zuchtrichter hat in seiner Beurteilung die Vorzüge und auch die Schwächen der Hündin beschrieben.
Da die Zucht immer der Weiterentwicklung der Rasse im Sinne des Rassestandards dienen soll, ist es nun an der Zeit, dass sich der Züchter auch einen allgemeinen Überblick über die Rasse verschafft.
Ausstellungen, Fachzeitschriften, Zuchtbücher und immer wieder die persönlichen Gespräche mit Rassekennern bilden dafür den besten Rahmen. Sinnvollerweise sieht man erst einmal nach der Abstammungslinie seiner eigenen Hündin und erkundigt sich nach den bedeutendsten Vererbern dieser Linie, nach deren Vorzügen und Schwächen.
Ist die Linie in Ordnung, können mit einem Rüden gleicher Vorfahren auch gute Ergebnisse erzielt werden. Große Überraschungen bei den Nachkommen sind meistens ausgeschlossen. Werden aber Welsh Terrier unterschiedlicher Linien verpaart, so sind die Erscheinungsformen der Nachkommen auch sehr weit gefächert. Findet man dabei einen sehr schönen Nachwuchshund, lässt sich vielleicht damit eine neue Linie aufbauen.
Wenn dieser Nachwuchshund ein Top-Ausstellungshund wird, ist die Freude meist sehr groß, ebenso natürlich auch der Zuchterfolg.
Für den Zwinger aber sind diese Show-Hunde oft nicht die besten Zuchthunde. Hier werden gute Vererber gebraucht. Diese zu finden, ist sehr schwierig und setzt eine große Kenntnis der Hunde voraus, die sich hinter den Linien verbergen. Der schnelle Erfolg ist auch sehr schnell vergänglich. Es braucht viel Zeit für den wirklichen Erfolg, für den Aufbau eines tragfähigen Konzeptes und des eigenen Zwingers.
Wenn auch beide Elterntiere ihr Erbgut je zur Hälfte an den Nachwuchs weitergeben, so ist doch die Hündin während der Aufzucht auch Er-

zieherin und Vorbild für den Wurf. Deshalb ist für den Züchter eine gute Mutterhündin auch der Garant für eine erfolgreiche Zucht. In der Regel wird die Junghündin schon im Alter von 9-12 Monaten „heiß" (das ist unter Hundezüchtern die übliche Bezeichnung für die Brunst).
Die meisten Hündinnen zeigen zwei Brunstzyklen innerhalb eines Jahres, aber auch nur eine „Hitze" ist bei Welsh Terriern völlig normal.
Zuverlässige Anzeichen einer bevorstehenden „Hitze" sind häufiges Urinieren und in den meisten Fällen das Anschwellen der Scham mit anschließendem „Färben", das heißt, aus der Scheide wird ein blutiges Sekret ausgeschieden, an dessen Farbintensität, von blutrot über bräunlich bis hellrosa, der Verlauf der Brunst beurteilt werden kann.
Die Menge der Ausscheidungen lässt keinen Schluss auf die Qualität der Brunst zu.
Als Brunstbeginn wird der erste Tag der Wahrnehmung von Blutsekret aus der Scheide bezeichnet. Das ist aber nur der Beginn der Vorbrunst. Die normale Brunstdauer ist sehr unterschiedlich. Im Regelfall etwa eine Woche. An jedem Tag dieser Zeitspanne besteht die Möglichkeit der Befruchtung von reifen Eizellen. Im Allgemeinen ist davon auszugehen, dass der vierte bis sechste Duldungstag die größten Erfolgsaussichten für eine Befruchtung hat.
Die Praxis hat gezeigt, dass die besten Erfolge erreicht werden, wenn die Hündin ausschließlich allein den richtigen Zeitpunkt für den Deckakt bestimmt.
Die tragende Hündin sollte weiterhin in ihrer gewohnten Umgebung leben und braucht zunächst nicht anders als zuvor gefüttert werden. In einem Zwinger sollte sie sicher untergebracht sein, um Rangordnungskämpfe zu vermeiden. Diese Dinge bedeuten Stress für sie und sind unnötig.
Der Liegeplatz sollte zugfrei sein und eine gute Bodendämmung (z. B. Stroh) haben. Für reichlich Auslauf ist zu sorgen.
Ab dem 58. Tag nach dem Decktag kann man mit der Geburt rechnen. Normale Würfe kommen in der Regel um den 63. Tag. Die Welsh-Terrier-Hündin wirft dann zwischen vier und sechs Welpen.
Komplikationen (bei denen immer ein Tierarzt zu Rate gezogen werden sollte) sind bei Welsh Terriern sehr selten.

Bei der Geburt macht die Hündin alles ganz alleine, nabelt die Welpen ab und leckt sie trocken.
Das kleine Hundeglück gedeiht in den ersten Tagen am besten, wenn Mutter und Welpen in einer sauberen Wurfkiste die nötige Ruhe finden. Fremde Personen sind gar nicht erwünscht.
So kontrolliert der Züchter nur das Schmatzen der Welpen, die kräftig an der Mutter saugen. Welsh-Terrier-Hündinnen haben in der Regel genügend Milch für ihre Welpen.
Nach drei Tagen werden die Welpen vom Züchter zusammen mit einem Zuchtwart genau untersucht.
Die Welpen sollen bei der Kontrolle lebhaft und mobil sein. Welpen, die kraftlos sind und schon deutlich an Gewicht verloren haben, lohnen die Aufzucht nicht. Ebenso, wenn starke körperliche Schäden vorhanden sind.
Glücklicherweise sind Welsh-Terrier-Züchter nicht so oft davon betroffen, denn die kleinen Welsh-Terrier-Welpen sind sehr vital und entwickeln sich in der Regel gut. Sie kommen mit etwa 150 bis 200 Gramm auf die Welt und sollten dieses Gewicht ein paar Tage nach der Geburt auch wieder auf die Waage bringen.
In den ersten Wochen leben die Welpen von der Muttermilch. Die Hündin hält die Welpen sauber und trocken. Wenn die Hündin leistungsgerecht gut ernährt wird, behält sie auch eine gute Kondition. Wachsen die Welpen heran, kommt die Zeit, wo die Zufütterung der Welpen beginnt. Wird der Wurf unruhiger und die täglichen Zunahmen stagnieren, dann ist dieser Zeitpunkt gekommen.
Das Wichtigste ist und bleibt aber die Muttermilch für die Welpen, auch bis zur achten oder zehnten Lebenswoche. Den Welpen sind zwischendurch immer mal die Krallen zu kürzen, damit es zu keiner Gesäugeentzündung kommt.
Der Züchter muss regelmäßige Wurmkuren durchführen, denn Welpen, die von Würmern befallen sind, können sich nicht artgerecht entwickeln, bleiben Kümmerlinge oder sterben sogar. Der Tierarzt wird die Welpen auch rechtzeitig impfen.
Werden die Welpen so mit Liebe umsorgt und hat die Mutterhündin die

Möglichkeit, sich artgerecht um ihren Wurf zu kümmern, werden aus den kleinen Welpen prächtige Welsh Terrier, die schnell einen Liebhaber finden.

Ernährung

Um leben zu können, müssen unsere Hunde fressen. Sinn der Ernährung ist es dem Körper Nährstoffe zuzuführen. Diese sind notwendig für die Bewegung, das Wachstum und den Stoffwechsel. Bei den Wildcaniden, an die wir bei allen Problemen denken sollten, verläuft die Ernährung sehr anschaulich. Sie machen Beute und fressen sich extrem voll, denn in der freien Wildbahn ist es nicht möglich Vorräte anzulegen, darauf warten schon kleine fleischfressende Säugetiere oder auch Vögel. Die Verdauungszeit verläuft unterschiedlich lang, wird aber immer mit einer Ruhephase eingeleitet, weil der Kreislauf auf die Verdauung konzentriert werden muss. Vorher, während der Jagd, stand die Durchblutung des Bewegungsapparates, besonders der Muskulatur im Vordergrund. Übrigens gibt es in der Ruhephase auch im Gehirn nur eine Minimaldurchblutung. Viel können Sie also in dieser Zeit mit Ihrem Welsh Terrier nicht anfangen. Gönnen Sie ihm diese Ruhe, denn ein voller Bauch studiert nicht gerne.
Erst wenn die Verdauung zu Ende geht, der Blutzuckerspiegel sinkt, sollten Sie wieder mit Aktivitäten beginnen. Dann stellt sich der größte Erfolg ein.
Die Wildcaniden nehmen nicht nur Muskelfleisch auf, sondern ebenso die Knochen, Sehnen, das Fell und natürlich die Innereien samt dem pflanzlichen Inhalt. Ihre Ernährung ist dadurch ziemlich ausgeglichen.
In meiner Gegend gab es zu der Zeit, als ich mit der Hundehaltung anfing, keine Fertignahrung für Hunde. Alles wurde selbst zusammengestellt. Fleisch vom Schlachthof, Fisch, der damals billig war, Haferflocken als Ballaststoff oder auch Vollkornbrot, das ebenfalls sehr billig war. Eine Mineralstoffmischung ergänzte die Mahlzeiten. Übrigens ist Vollkornbrot mit Leberwurst wirklich eine Delikatesse und etwas für Feinschmecker unter den Hunden. Es war damals schon etwas aufwändig für ein gutes und

schmackhaftes Futter zu sorgen. Die Mühe aber lohnte sich, denn es ging immerhin um das Wohl meiner Welsh Terrier. Nicht dass sie es mir jemals gedankt haben, aber sie waren immer gut drauf, waren aktiv, hatten ein glänzendes Fell und konnten jedem Wetter trotzen. Das war der Dank für meine Arbeit, einfach schön.

Ich will auch noch erwähnen, dass die Bewegung und der Aufenthalt im Freien, die frische Luft und ein Sonnenbad ebenfalls für Hunde gut sind, weil dadurch die Nahrungsaufnahme und deren Verdauung wesentlich gefördert werden.

Ich möchte nicht dazu aufrufen das Hundfutter selbst zuzubereiten, denn es gibt heute eine ganze Reihe von Fertigfutter, sowohl trocken wie auch feucht, die gut sind für eine richtige Fütterung der Hunde. Aber immer sollten Sie prüfen, wie Ihr Welsh Terrier damit zurechtkommt. Im Gegensatz zu feuchter Nahrung, die 80 % Feuchtigkeit besitzt, hat Trockenfutter nur 10 %. Stellen Sie also bitte immer frisches Wasser zur Verfügung. Besonders im Sommer, aber auch bei hoher Aktivität benötigt der Hund viel Flüssigkeit. Beobachten Sie also Ihren Hund und denken Sie an das Erscheinungsbild meiner Welsh Terrier bei der eben erwähnten Fütterung. Der Welsh Terrier braucht für alles; was er macht Energie und die bezieht er aus seiner Nahrung, die gut verdaulich und schmackhaft sein muss.

Der Hund hat eine Reihe spezialisierter Organe, mit denen er seine Nahrung aufnehmen, zerkleinern und verwerten kann, die Verdauungsorgane. Außerdem dienen die Zähne zum Ergreifen und Zerteilen der Beute. Die Aufgabe der Verdauungsorgane ist die Zersetzung und Aufspaltung der Nahrung in die einzelnen Nährstoffe. Erst dann sind die lebensnotwendigen Grundbausteine verwertbar. Über den Darm gelangen sie ins Blut und so letztlich zu den einzelnen Zellen im Körper. Dort werden sie wirksam, im Muskel zum Beispiel für die Bewegung. Was von der Nahrung nicht gebraucht wird, gelangt in den Dickdarm und wird ausgeschieden.

Egal für welches Futter oder für welche Fütterungsweise Sie sich entscheiden, achten Sie immer darauf, dass in der Zusammensetzung des Futters ein ausgewogenes Verhältnis zwischen Rohprotein, Rohfett und Rohfaser besteht. Das Futter sollte auch alle wichtigen Mineralstoffe

Welsh Terrier von „Glansevin", ein Gemälde von Lilian Cheviot (1907)

wie Calcium, Phosphor, Natrium, Eisen, Zink, Mangan, Jod und Selen enthalten, denn diese sind für das Skelett und den Stoffwechsel nötig.
Vitamine sind doch sozusagen die Katalysatoren aller Lebensprozesse. Es würde hier natürlich zu weit führen die Funktion der einzelnen Vitamine im Körper des Hundes zu beschreiben, aber es werden unbedingt Vitamin A, E, D sowie Vitamin B1,B2, B6 und B12 benötigt.
Alle Futtermittel in Deutschland haben eine Deklaration. Diese sollten Sie sich vor dem Kauf des Futters ansehen und nicht nur dem berühmten Namen des Futters vertrauen.
Der Ernährungsbedarf des Hundes ist nicht sein ganzes Leben hindurch gleich, sondern je nach Alter, Temperament und Aktivität verschieden.
Welpen und jüngere Hunde, die noch heranwachsen brauchen mehr Energie und Mineralstoffe. Aus diesem Grund bieten viele Hersteller von

Rolf Wernike war einer der Rasseförderer in Deutschland

Hundenahrung spezielle Welpenkost an.
Im Alter braucht das Futter nicht so gehaltvoll zu sein wie bei einem noch sehr aktiven Hund.
Die Fütterung während der Trächtigkeit der Hündin und der Welpenaufzucht erfordert sicher noch weiterführende Kenntnisse, die den Rahmen dieses kleinen Beitrages sprengen würden.

Noch einmal in Kürze: Wichtiges zur Ernährung

Es ist von großer Bedeutung, auf die Erfahrungen von Fachleuten zurückgreifen zu können, um der Haltung von Hunden gerecht zu werden. Mir hat mein schon zitierter Tierarzt gute Ratschläge zur Fütterung gegeben, seine Auffassung dazu hat er aufgeschrieben, so dass ich es immer wieder nachlesen kann.
Lesen Sie es auch, Dr. Manfred Scheffler (Hundesport). Beobachten Sie Ihren Hund und versuchen Sie mit gesundem Menschenverstand alles zum Wohle Ihres Hundes und ihnen zur Freude richtig zu machen.
Wenn ein Züchter einen Welpen abgibt, ist seine ungestörte Weiterentwicklung zunächst von großer Bedeutung. Jede grobe Futterumstellung muss unbedingt vermieden werden. Daher ist es immer ratsam, vom Züchter die bisherige Fütterung zu erfragen. Bei der Übergangsfütterung sollten wir bedenken, dass Hunde in diesem Alter noch nicht „futterfest“ sind und dass sie mit mehreren kleinen Portionen mit altersgerechtem Futter versorgt werden müssen.
Schlechte Fresser werden nicht geboren, sie werden durch schlechte Mengenkalkulation erzogen.
In der Wachstumsphase braucht unser Hund vor allem hochwertiges tierisches Eiweiß. Dieses enthält die lebensnotwendigen Aminosäuren, die nicht im Körper aufgebaut werden können, daher mit der Nahrung zugeführt werden müssen.
Dazu können entweder ein hochwertiges Welpenfutter (Fertignahrung) oder auch selbst zubereitetes Futter verwendet werden. Es sollte dann nach Möglichkeit 80 % Fleisch in gekochtem Zustand und 5-10 % Fett

enthalten. Fette sind von großer Bedeutung, denn der Hund besitzt eine sehr gute Fettverdauung, schon die Muttermilch hat 7-8 % Fettgehalt.
Kohlenhydrate sind erst von drittrangiger Bedeutung und sollten dieses Drittel am Anteil des Futters auch nicht übersteigen.
Bei vielseitiger Ernährung braucht man sich um Mineralstoff- und Vitaminversorgung wenig Sorgen zu machen. Natürliche Futterquellen sichern den Bedarf ausreichend. Haferflocken und auch andere Getreidearten ermöglichen dem Hund die Synthese des Vitamin A, das auch im Lebertran enthalten ist. Über Gemüse und Milch kann der Bedarf an Vitamin C gedeckt werden. Vitamin C kann übrigens auch vom Hund selbst synthetisiert werden. Viel Sonnenlicht ist dabei aber angesagt.
Das für das Knochenwachstum so notwendige Vitamin D ist ebenfalls in

Welsh Terrier unternehmen gerne Ausflüge, auch mit Hunden anderer Rassen

Fett, Leber, Fleisch, Butter, Käse und Ei enthalten.
Mineralstoffe machen ungefähr 6 % des Körpergewichtes aus. Kalk und Phosphorsalze sind wichtige Bausteine des Skeletts. Bei zusätzlicher Mineralstofffütterung müssen die Dosierungsvorschriften unbedingt beachtet werden, um Schäden für den Hund zu vermeiden.
Welpen und Jungtiere kann man immer so füttern, dass sie etwas Babyspeck haben, denn wir wünschen uns doch kräftige, leistungsfähige und gesunde Hunde. Das kann nur über eine optimale Jungtierernährung erreicht werden.
Das Futter erwachsener Hunde sollte ihrem Leistungsvermögen und der Aktivität angepasst sein. Ab dem 2. Lebensjahr muss es den Leistungsanforderungen genügen. Der Familienhund benötigt in der Regel nur noch ein Erhaltungsfutter, während ein regelmäßig arbeitender Sporthund, wie

Friedliches Sonnenbad

auch ein aktiver Deckrüde oder eine säugende Hündin ein hochwertigeres Futter benötigen.
Ein Hund hat einen sehr intensiven Stoffwechsel und kann seine Körpermasse schnell vermehren und Fettdepots bilden. Wesentlich langsamer erfolgt dagegen der Abbau derselben. Wasser muss immer verfügbar sein.

Gesundheit

Vorbeugen ist besser als Heilen Artgerechte Haltung, Pflege und Ernährung sind Voraussetzungen für die Gesundheit. Das seelische Wohlbefinden des Hundes ist so wichtig wie das körperliche. Der gesunde Hund nimmt aufmerksam und lebhaft Anteil an seiner Umgebung. Er ist kräftig und ausdauernd. In der Ruhe atmet er 10- bis 20-mal, das Herz schlägt 70- bis 100-mal in der Minute. Die Körpertemperatur liegt um 38,5 °C. Gesundheit ist nicht nur „Freisein von Krankheiten", sie schließt auch Widerstandskraft gegen Infektionen ein.

Das Haarkleid schützt nicht nur gegen Wind und Wetter, es ist auch Zeichen von Gesundheit. Stumpfes Haar, ständiger Haarausfall und starker Geruch deuten auf innere Erkrankungen hin. Die Haut soll frei von Schuppen und Rötungen sein, kein Juckreiz soll den Hund plagen.

Flöhe, Läuse und Haarlinge kann auch der gepflegteste Hund von einer Hundebegegnung mitbringen. Bei Juckreiz wird als erstes die Haut auf Flohstiche (bis zu linsengroße, geschwollene Rötungen) und das Fell auf Parasitenkot (kleine schwarze Pünktchen) abgesucht. Lieblingssitze der ungebetenen Gäste sind die Innenflächen der Hinterbeine, die „Achselhöhlen" und die Ohrmuscheln. Bei leichtem Befall genügt ein Flohpuder oder -spray. Wirksamer sind Waschlösungen, die das Fell bis auf die Haut benetzen oder verschreibungspflichtige Mittel, die auf die Haut getropft werden und bis zu vier Wochen wirken. Das Ablecken solcher Mittel muss aber unbedingt verhindert werden. „Anti-Floh-Halsbänder" geben bis zu vier Monaten gas- oder puderförmige Wirkstoffe ab. In Hundehütten können bei einigen Halsbändern Giftgaskonzentrationen auftreten, die auch für den Hund bedenklich sind. Manche Halsbänder verlieren zudem durch Nässe an Wirksamkeit. Bei Flohbefall muss immer das Lager des Hundes mitbehandelt werden. Moderne Spezialmittel töten dabei nicht nur „erwachsene“ Flöhe, sondern stoppen auch die weitere Entwicklung der Flohlarven. Hundedecken werden am besten ausgekocht, Teppiche regelmäßig gesaugt und Stroh in der Hütte gewechselt.

Zecken lassen sich aus dem Gebüsch auf den Hund fallen, beißen sich in der Haut fest und saugen sich mit Blut voll. Je länger sie saugen, desto größer ist in bestimmten verseuchten Gegenden die Gefahr, dass eine für Hunde gefährliche Infektionskrankheit, die Borreliose, übertragen wird. Deshalb sollten Zecken so rasch wie möglich entfernt werden. Sie dürfen aber nicht einfach ausgerissen werden, weil dabei die Beißwerkzeuge in der Haut stecken bleiben und Entzündungen verursachen können. Am besten erfasst man die Zecke mit einer Spezialpinzette und hebelt sie drehend aus der Haut heraus. Auf keinen Fall darf eine Zecke mit Alkohol betäubt oder mit Öl erstickt werden. Im Todeskampf gibt sie ihren Speichel in die Blutbahn des Hundes ab und damit eventuell Erreger einer Infektion. Inzwischen gibt es, allerdings nur beim Tierarzt, ein Anti-Zecken und Flohhalsband, das den Befall mit Zecken weitgehend und das Blutsaugen sicher verhindert.

Die Ohren sollten alle vier Wochen gereinigt werden. Mit Wattestäbchen kann man das Trommelfell zwar kaum verletzen, das Ohrenschmalz aber in der Tiefe zusammenstopfen. Besser ist ein alkoholischer Ohrreiniger, der randvoll ins Ohr eingegossen und bei zugedrückter Ohrmuschel durchmassiert wird. Das gelöste Ohrenschmalz kann der Hund dann selbst ausschütteln, vorzugsweise im Freien.

Dunkle, übel riechende Beläge im Ohr zeigen eine Entzündung an. Meist wird sich der Hund dann auch am Ohr oder scheinbar am Halsband kratzen und den Kopf schütteln. Ursache des „Ohrenzwanges“ können Ohrenmilben, Grasgrannen oder andere Fremdkörper sowie Bakterien und Pilze sein.

Wenn zwei bis dreimalige gründliche Reinigung mit dem Ohrreiniger keine Besserung bringt, ist eine gezielte Behandlung erforderlich.

Die Augen werden mit einem Stückchen Mullbinde oder einem Taschentuch vom „Schlaf" gereinigt. Fusseln von Watte oder Papiertaschentüchern reizen die Schleimhäute. Bindehautentzündungen können auch durch Zugluft, Staub oder starke Sonne verursacht werden. Zur Linderung werden Augentropfen in den heruntergezogenen Bindehautsack geträufelt. Borwasser wird heute nicht mehr verwendet, weil feine Kristalle als Fremdkörper wirken können. Länger andauernder wässriger, schleimiger oder eitriger Augenausfluss sollte nicht mit Hausmitteln kuriert werden. Es könnte eine Infektion vorliegen. Wucherungen auf der Rückseite der Nickhaut müssen meist operativ behandelt werden.

Die Zähne werden durch Hundekuchen oder Knochen ausreichend gereinigt. Auch die Tortur des Zähneputzens kann Zahnstein kaum verhindern. Zur Entfernung weicher Beläge eignet sich am ehesten ein Wattebausch, getränkt mit dreiprozentiger Wasserstoffsuperoxydlösung.
Zahnstein ist ein fest anhaftender brauner Belag aus verhärteten Salzen. Fauliger Mundgeruch durch Zahnfleischentzündungen und Vereiterungen sowie Zahnausfall sind die Folgen. Zahnstein sollte frühzeitig fachkundig entfernt werden.
Lose Zähne müssen gezogen werden. Da der Hund keine Beute jagen, festhalten oder zerreißen muss, kann er auf schmerzende Zähne gut verzichten. Nach Entfernung der Eiterherde wird er sich auch allgemein wohler fühlen, denn sie können den Körper vergiften und zum Beispiel chronische Herzklappenentzündungen auslösen.

Die Analbeutel sollen eigentlich bei jedem Kotabsatz eine individuelle Duftmarke zur Revierkennzeichnung hinterlassen. Infolge der Domestikation funktioniert die Entleerung häufig nicht richtig. Sekretstauungen sind das Resultat; den Juckreiz versucht der Hund vergeblich durch Rutschen auf dem After zu beseitigen. Dieses „Schlittenfahren" ist entgegen landläufiger

Vermutung fast nie auf Wurmbefall zurückzuführen. Stark gefüllte Analbeutel müssen fachkundig ausgedrückt, vereiterte müssen tierärztlich behandelt werden.

Die Krallen werden bei regelmäßigem Auslauf auf hartem Untergrund ausreichend abgelaufen. Nur bei krankhaftem Hornwachstum oder Stellungsfehlern müssen sie geschnitten werden. Dabei soll die in der Kralle verlaufende Ader nicht verletzt werden. „Wolfskrallen", Überbleibsel der an sich verkümmerten fünften Zehe an Vorder- und Hinterläufen, können bei Verletzungen stark bluten. Sie sollten vorsorglich amputiert werden. Das geschieht üblicherweise schon bei neugeborenen Welpen.

Erste Hilfe tut Not

Hautverletzungen müssen genau inspiziert werden. Oberflächliche Abschürfungen und Schrunden können mit Hausmitteln behandelt werden. Auf jeden Fall werden im Bereich der Verletzungen die Haare mit einer gebogenen Schere kurz abgeschnitten. Sie verkleben sonst mit dem Wundsekret; Vereiterung ist die Folge. Die Wunde wird mit Wundgel, -spray oder -tinktur behandelt. Fetthaltige Salben behindern den heilungsfördernden Luftzutritt, Puder verkrustet.
Bei tieferen Wunden mit Durchtrennung der Haut sollte umgehend ein Tierarzt hinzugezogen werden. Bei Beißereien und Stacheldrahtverletzungen wird die Haut oft vom Körper losgerissen, so dass tiefe Taschen zu versorgen sind. Von Fall zu Fall ist zu prüfen, ob eine „offene Wundbehandlung" oder eine Naht besser ist. Nur frische Wunden können mit Aussicht auf komplikationslose Heilung genäht werden. Eine offene, aus der Tiefe nässende oder eiternde Wunde darf der Hund belecken. In allen anderen Fällen wird die Wundheilung behindert, weil die zarten Heilungszellen am Wundrand gestört werden. Das Belecken von Wunden und das Abreißen von Verbänden können durch einen Halskragen verhindert werden, den es fix und fertig vom Tierarzt gibt.

Welsh Terrier aus dem Zwinger „Longmynd", ein Gemälde von Maud Earl

Wundstarrkrampf ist beim Hund selten. Impfungen sind daher nicht üblich. Zur Vorbeugung sollen Wunden ausbluten und nicht luftdicht abgedeckt werden. Wenn größere Adern verletzt sind, kommt es zu andauernden, starken Blutungen. Häufig tritt Blut im Strahl aus. Dann muss zur Ersten Hilfe ein Druckverband angelegt werden. An ungünstigen Körperstellen wie am Kopf kann auch von Hand eine Kompresse aufgedrückt werden. Gliedmaßen können abgebunden werden, die Abbindung muss aber viertelstündlich kurz gelöst werden. In solchen Fällen ist stets umgehend tierärztliche Hilfe erforderlich.

Unfälle können auch zu inneren Verletzungen und Gehirnerschütterungen führen. Bei Bewusstseinstrübungen soll nie Flüssigkeit eingeflößt werden. Die Maulschleimhaut kann aber mit Kaffee, Tee oder auch einfach mit Wasser befeuchtet werden. Der Hund wird vorsichtig getragen oder seitlich mit tiefliegendem Kopf und herausgezogener Zunge auf einer Decke gelagert, die, von zwei Personen an den Ecken strammgezogen, auch als „Tragbahre" dient. Am Unfallort sind meistens die Diagnose und vor allem eine wirksame Schockbehandlung erschwert. Telefonisch sollte zur Vermeidung unnötiger Wege und Zeiten ein dienstbereiter Tierarzt verständigt und umgehend aufgesucht werden.

Lahmheiten können viele Ursachen haben. Als erstes wird die Pfote untersucht. Dornen oder Splitter werden ausgezogen. Verfilzte Haare drücken zwischen den Ballen wie ein Stein im Schuh, sie werden daher vorsichtig ausgeschnitten. Wunde Stellen werden wie Hautverletzungen behandelt. Im Winter müssen Streusalzreste von den Pfoten abgewaschen werden. Bei Krallenbettentzündungen können warme Kamillen- oder Seifenbäder Linderung bringen. Lose Krallenteile werden an der Bruchstelle beherzt abgeschnitten. In vielen Fällen ist ein Verband erforderlich. Er muss fachkundig angelegt werden, um Druckstellen zu vermeiden. Bei Schwellungen, Prellungen und Verstauchungen kann das Fell des betroffenen Körperteils mehrmals täglich mit kaltem Wasser durchnässt werden. Das wirkt wie ein Kühlverband, lindert den Schmerz und hemmt frühzeitig angewendet weitere Schwellungen. Wenn ein Bein überhaupt nicht belastet wird, besteht Verdacht auf Knochenbruch.
Bei stark abnormer Beweglichkeit können die Gliedmaße durch eine Notschiene ruhig gestellt werden. Andauernde, wiederkehrende oder sich verschlimmernde Bewegungsstörungen sind stets ein Fall für den Tierarzt. Das Humpeln auf einem Hinterbein wird nicht selten durch eine Ausrenkung der Kniescheibe oder durch den Riss von Bändern bedingt, die operativ fixiert werden müssen.

Vergiftungen sind meist „Unglücksfälle“ und nur selten böse Absicht. Rattengift kann bei unsachgemäßem Auslegen direkt, aber auch mit vergifteten Nagetieren aufgenommen werden. Meist handelt es sich um Cumarinpräparate, die zu inneren Blutungen führen. Vorsicht ist auch bei Schädlings- und Unkrautbekämpfungs- sowie bei Frostschutzmitteln geboten. Hochgiftiges Thallium, Zinkphosphid und Arsenzubereitungen, Blausäure und Strychnin sind heute gottlob kaum noch erhältlich. Die besten Überlebenschancen bestehen, wenn man „nach frischer Tat“ das Gift wieder aus dem Magen herausbefördern kann. Der Tierarzt kann Erbrechen durch eine Spritze auslösen, der Laie durch Eingeben von zwei bis drei Teelöffeln Salz. Nach dem Erbrechen kann eine Aufschwemmung von etwa zehn Kohlekompretten eingeflößt werden. Milch wird nicht gegeben, weil verschiedene Gifte fettlöslich sind. Etwa vorhandene Hinweise auf die Art des Giftes ermöglichen eine rechtzeitige, gezielte tierärztliche Behandlung. Ungewisser sind die Aussichten, wenn Vergiftungsfolgen wie Krämpfe, Mattigkeit oder Brechdurchfall schon eingetreten sind, die Ursache aber nur vermutet werden kann. Eine genaue Diagnose ist oft erst durch Spätschäden wie Blutungen oder Haarausfall möglich. Dann kann es für eine Rettung bereits zu spät sein.

Durchfall ohne Fieber bessert sich häufig nach einem Fasttag: Der Hund erhält ausschließlich stark verdünnten Tee mit einer Prise Salz, aber ohne Zucker. Zur Geschmacksverbesserung ist Süßstoff erlaubt. Zusätzlich ist es nie verkehrt, eine Aufschwemmung von Kohlekompretten einzugeben. Keinesfalls darf Durchfall mit Wasserentzug „behandelt“ werden; der Körper würde zu stark austrocknen. Am zweiten Tag erhält der Hund in kleinen Portionen ein Diätfutter, zum Beispiel Beefsteakhack, Schmelzflocken und rohen geriebenen Apfel. Am dritten Tag muss der Kot zumindest wieder dickbreiig sein.

Verstopfungen lassen sich oft durch rohe Leber oder Milz oder einige Teelöffel süßer Dosenmilch beheben. Bei krampfhaft vergeblichem Drängen kann ein Mikroklistier Erfolg bringen. Bei einer Verhärtung von Knochenteilen im Enddarm hilft allerdings meist nur ein fachgerechter Einlauf.

Erbrechen ist keine selbstständige Krankheit. Einmaliges Erbrechen kann durch zu hastiges Fressen, zu kaltes Futter oder Aufnahme von Fremdkörpern ausgelöst werden. Gelegentliches Erbrechen ist beim Hund ohne große Bedeutung. Häufig wird es durch das Fressen von Gras ausgelöst. Geschieht das regelmäßig oder wird ständig das Futter erbrochen, muss ein Tierarzt hinzugezogen werden. Auch Durchfall und Erbrechen mit Fieber sind kein Fall für Hausmittel.

Scheinschwangerschaft tritt bei manchen Hündinnen etwa acht Wochen nach der Läufigkeit auf. Sie sind unruhig, „bemuttern" irgendwelche Gegenstände, fressen schlecht und erbrechen gelegentlich. Das Gesäuge schwillt, Milch bildet sich. Abhilfe schafft häufig wenig Fressen und Trinken bei viel Bewegung und Beschäftigung. Das Gesäuge kann mehrmals täglich mit kaltem Wasser befeuchtet werden, um Schwellung und Milchproduktion zu hemmen. Keineswegs soll die Milch ausgedrückt werden. Damit würde nur die weitere Milchbildung angeregt. Bei sehr starker Gesäugeschwellung und trotz Hausmitteln nicht nachlassenden Erscheinungen muss der Tierarzt verständigt werden.

Insektenstiche vor allem durch das Schnappen nach Wespen und Bienen verursacht, können schnell zu erheblichen Schwellungen am Kopf oder, noch schlimmer, im Rachen führen. Äußerliche Kühlung mit Eiswürfeln und eine Tablette gegen Allergie ersparen oft nicht die möglichst rasche tierärztliche Behandlung.

Alarmzeichen

Fieber ist eine Abwehrreaktion des Körpers, meist auf Infektionen. Die Hundenase kann auch beim kranken Hund feucht und kühl sein. Die Temperatur muss mit einem Fieberthermometer (je nach Modell bis zu fünf Minuten) im Mastdarm gemessen werden. Sie darf nicht über 39 °C liegen. Untertemperaturen unter 37,5 °C entstehen infolge einer Reduzierung der Stoffwechselvorgänge häufig vor dem Tod.

Husten als ob ein Knochen im Hals säße, tritt bei Mandelentzündungen auf. Ernstere Infektionen wie Zwingerhusten oder gar Staupe könnten auch vorliegen. Pumpende Atmung entsteht durch eine Lungenentzündung, aber auch durch Wasseransammlung in der Lunge, zum Beispiel infolge von Vergiftungen. Bei alten Hunden kann der damit verbundene Husten auch auf eine Herzschwäche zurückzuführen sein. Bauchpressen und Aufblasen der Backen sind Zeichen höchster Atemnot.

Schleimhäute im Auge und im Fang geben Hinweise auf innere Erkrankungen: Blässe deutet auf Blutarmut hin, Gelbfärbung auf Leberschäden mit Gelbsucht, Blutungen auf schwere Infektionen oder Vergiftungen, eine bläuliche Färbung tritt bei Herz- und Kreislaufschwäche auf.

Kot und Urin mit Blutbeimengungen lassen krankhafte Veränderungen erkennen. Bei Blutungen im Magen und in den vorderen Darmabschnitten kann der Stuhl durch das verdaute Blut pechschwarz aussehen. Nierenerkrankungen können auch mit erhöhtem Durst verbunden sein. Wenn Mattigkeit und Mundgeruch hinzukommen, ist meist bereits eine Harnvergiftung eingetreten. Harnsteine, Blasenriss oder Vergiftungen können dazu führen, dass überhaupt kein Urin mehr abgesetzt wird; dann besteht höchste Gefahr. Geschwülste, Prostatavergrößerungen und Mastdarmveränderungen erschweren den Kotabsatz. Verhärtete Knochenteile können den Enddarm völlig verstopfen. Erbrechen und zunehmende Mattigkeit bei fehlendem Kotabsatz sprechen für Darmverschluss oder einen Fremdkörper im Darm.

Speicheln wird im harmlosesten Fall durch Fremdkörper in der Maulhöhle oder durch lose Zähne verursacht, bedenklicher wäre eine E 605 Vergiftung oder Pseudowut, schlimmstenfalls ist an Tollwut zu denken.

Umfangsvermehrungen des Bauches bei sonst normalem Ernährungszustand oder zunehmender Abmagerung können durch Tumore oder Bauchhöhlenwasser hervorgerufen werden. Bei einer Gebärmuttervereiterung besteht gleichzeitig fast immer starker Durst, gelegentlich auch Scheidenausfluss. Eine plötzliche Aufblähung des Bauches mit Kolik und Kreislaufschwäche, bedingt durch eine Magendrehung, erfordert eine unverzügliche Operation. Eine Entzündung der Kaumuskeln mit Schwellung und Verhärtung sowie hervortretenden Augäpfeln muss sofort tierärztlich behandelt werden.

Infektionen bedrohen die Gesundheit

Staupe und ansteckende Leberentzündung (Hepatitis) sind Viruskrankheiten, die für Junghunde besonders gefährlich sind, aber auch ältere Hunde befallen. Staupe beginnt mit einem häufig kaum merkbaren, kurzen Fieber, dem nach etwa acht Tagen eine schwere Lungenentzündung mit eitrigem Augen und Nasenausfluss oder Durchfall folgt. Eine besondere Verlaufsform ist mit einer Verhärtung der Ballen verbunden. Nach scheinbarer Besserung treten nervöse Erscheinungen bis hin zu Krämpfen auf, die meistens zum Tod führen. Nach überstandener Staupe bleibt häufig ein nervöses Zucken der Kopfmuskeln, der „Staupetick", nach Erkrankungen im Junghundealter das „Staupegebiss" mit erheblichen Zahnschmelzdefekten zurück. Die ansteckende Leberentzündung verläuft ähnlich, mit hohem Fieber, Apathie und Appetitlosigkeit. Hornhauttrübungen können bleibende Folgeschäden sein.
Stuttgarter Hundeseuche (Leptospirose) wird durch Bakterien verursacht und von Hund zu Hund übertragen. Sie beginnt häufig mit einer Schwäche in den Hinterbeinen. Geschwüre im Maul, Magen und Darm sind mit aasartig faulem Maulgeruch und blutigem Durchfall verbunden.

Tollwut tritt bei Hunden nur noch selten auf. Die Seuche wird vor allem durch Füchse übertragen. Hinweisschilder warnen in gefährdeten Gebieten vor Tollwut. Die Krankheit ist besonders tückisch: Die typischen Wuterscheinungen mit heiserem Gebell, Wasserscheue, Unruhe und unmotivierter Beißwut fehlen häufig. Die „stille Wut" ist im Anfangsstadium schwer zu erkennen. Ein erkranktes Tier stirbt immer.

Parvovirose ist eine Viruskrankheit, die sich bei Hunden aller Altersgruppen in schweren, durch Erbrechen und Durchfall gekennzeichneten Erkrankungen äußert. Bei Welpen kann plötzlicher Herztod auftreten. Der Erreger ähnelt dem Katzenseuchevirus; eine wechselseitige Ansteckung zwischen Hund und Katze ist jedoch nicht möglich. Die Ansteckung erfolgt über Ausscheidungen von Hund zu Hund, aber auch durch Verschleppung angetrockneter Ausscheidungen, zum Beispiel an Kleidungsstücken.

Impfungen schützen vor diesen Infektionskrankheiten

Welpen in gefährdeten Zuchten oder ungeimpfte Hunde mit verdächtigen Krankheitserscheinungen können mit einem Serum behandelt werden, das fertige spezifische Abwehrstoffe enthält. Diese „passive Immunisierung" schützt aber nur für zwei bis drei Wochen. Der Käufer eines Hundes sollte den Impfpass daraufhin genau prüfen.
Länger dauernden Schutz vermittelt nur die „aktive" Schutzimpfung. Dabei

Sehr junge Welpen brauchen besonderen Schutz und Pflege

werden abgeschwächte oder abgetötete Infektionserreger eingeimpft. Der Körper reagiert darauf mit der Bildung eigener Abwehrstoffe. Bei den heute üblichen Kombinationsimpfstoffen kennzeichnen die Buchstaben S, H, L, T und P die Wirksamkeit gegen die in Frage kommenden Seuchen.
Welpen werden mit sechs bis acht Wochen das erste Mal geimpft und müssen dann mit etwa zwölf Wochen nach Impfplan nachgeimpft werden. Auch bei älteren, noch nicht geimpften Hunden empfiehlt sich eine zweimalige Grundimmunisierung, um einen umfassenden Impfschutz gegen alle Infektionskrankheiten aufzubauen.
Der einmal gebildete Impfschutz baut sich im Laufe der Zeit ab. Kommt der Hund mit betreffenden Seuchenerregern in Berührung, so wird die Antikörperbildung aufgefrischt. Ist der Impfschutz aber bereits zu stark abgesunken, kann der Hund erkranken. Deshalb sind regelmäßige Auffrischungsimpfungen erforderlich, am besten jährlich mit einem Kombinationsimpfstoff. Denn die Tollwutimpfung wird ohnehin nur für ein Jahr anerkannt, die Leptospiroseimpfung wirkt nicht länger, und gegen die seit einiger Zeit wieder bedrohlich zunehmende Staupe gilt es, auf Nummer Sicher zu gehen.
Ein sicherer Impfschutz des Hundes ist auch für den Menschen wichtig. Erkrankte Hunde können Leptospiren übertragen, die beim Menschen das „Canicola-Fieber“ oder die „Weilsche Krankheit“ hervorrufen. Hundetollwut ist wegen des engen Kontaktes für Menschen viel gefährlicher als Wildtollwut. Geimpfte Hunde übertragen keine Tollwut. Nach einem Kontakt mit verdächtigem Wild brauchen sie deshalb auch nicht getötet zu werden, wie dies für ungeimpfte Hunde gesetzlich vorgeschrieben ist.

Gegen andere Infektionen schützt Vorsicht

Toxoplasmose wird durch einzellige Schmarotzer hervorgerufen. Ihr Stammwirt ist die Katze. Bei anderen Tieren werden ansteckungsfähige Dauerformen gebildet. Hunde erkranken überwiegend durch infiziertes Schweinefleisch. Für die Ansteckung des Menschen wurden sie früher zu Unrecht verantwortlich gemacht.

Die Aujeszkysche Krankheit wird ebenfalls durch Schweinefleisch übertragen. Unstillbarer Juckreiz, Unruhe, Ängstlichkeit und Speichelfluss haben gewisse Ähnlichkeit mit der Tollwut. Die Krankheit wird daher auch „Pseudowut" genannt. Schweinefleisch und in der Zusammensetzung unbekannte Fleischmischungen, zum Beispiel aus Supermärkten, müssen deshalb gut durchgekocht werden. Fertigfutter und Rindfleisch sind dagegen unbedenklich.

Zwingerhusten tritt vor allem in Tierheimen und Hundehandlungen auf. Unter begünstigenden Umständen lösen Viren und Bakterien gemeinsam Entzündungen von Luftröhre und Bronchien aus. Kennzeichnend ist ein kurzer, trockener Husten. Sekundärinfektionen können den Krankheitsverlauf verschlimmern. Wahrend des Urlaubs sollte man seinen Hund nicht in unbekannte Heime oder Pensionen geben oder ihn vorsorglich auch gegen Zwingerhusten impfen lassen.

Wurmkuren gegen unerwünschte Kostgänger

Spulwürmer können bei Junghunden zu Verdauungs und Entwicklungsstörungen, zu Vergiftungserscheinungen und sogar zum Tod führen. Fast alle Welpen werden im Mutterleib mit Spulwürmern infiziert. Die ersten Wurmkuren soll schon der Züchter durchführen. Junghunde werden vierteljährlich entwurmt. Ältere Hunde beherbergen nur noch einzelne Würmer. Sie richten zwar keinen großen Schaden an, sind aber eine ständige Infektionsquelle. Hündinnen sollten zumindest sechs Wochen nach jeder Läufigkeit, Rüden mindestens einmal jährlich entwurmt werden. Bei festgestelltem Wurmbefall ist eine sofortige Entwurmung mit einer Wiederholungsbehandlung nach zwei bis drei Wochen erforderlich. Rohe Möhren garantieren keine Wurmfreiheit. Wirksame und verträgliche Mittel sind verschreibungspflichtig. Sie wirken auch gegen andere Rundwurmarten, zum Beispiel gegen Hakenwürmer.
Spulwürmer sind auf ihre Wirtstierarten spezialisiert; wenn der Mensch Hundespulwurmeier aufnimmt, schlüpfen Larven und beginnen ihre Wanderung im Körper, sie bleiben in Organen oder Muskeln stecken und

können dort schmerzhafte Entzündungen verursachen. Besonders gefährdet sind „Krabbelkinder“. Wurmkuren dienen daher auch dem Gesundheitsschutz der Familie.

Bandwürmer brauchen für ihre Entwicklung stets einen Zwischenwirt. Für den Hundebandwurm ist dies der Floh. Er nimmt die Wurmeier auf, aus denen sich eine Finne entwickelt. Der Hund „knackt“ den Floh, die Finne wächst im Hundedarm zum fertigen Bandwurm aus. Mit dem Kot erscheinen nach geraumer Zeit einzelne kürbiskernförmige, anfangs noch bewegliche Bandwurmglieder oder ein längeres, deutlich gegliedertes Wurmende. Es gibt heute neben speziellen Spulwurm- und Bandwurmmitteln auch Präparate, die gegen beide Parasitenformen wirksam und dabei gut verträglich sind. Empfehlenswert ist eine systematische vierteljährliche Bandwurmbehandlung des Hundes. Zur Bandwurmkur gehört stets eine Flohbehandlung von Hund und Lager.
Besonders bei Jagdhunden kann auch der „gesägte Bandwurm“ auftreten, dessen Zwischenwirte Hasen und Kaninchen sind. Andere Bandwurmarten, die durch Fisch oder Wild, Rinder oder Schafeingeweide übertragen werden, kommen seltener vor. Dazu zählt der „dreigliedrige Bandwurm“, der auch Menschen gefährlich werden kann. Der Hund sollte zur Vorbeuge keine rohen „Konfiskat“-Innereien erhalten und daran gehindert werden, Kadaver von Wildtieren anzufressen. Für Menschen besonders gefährlich ist der vor allem in einigen Gegenden Mittel- und Süddeutschlands verbreitete „Fuchsbandwurm“, der auch durch Hunde übertragen werden kann. Neben regelmäßigen Bandwurmkuren ist es die beste Vorbeuge, den Hund in Wald und Flur anzuleinen.

Gefahren für die menschliche Gesundheit?

Hygiene Impfungen und Wurmkuren schränken Ansteckungsgefahren ein. Hygiene tut ein Übriges: Selbstverständlich hat der Hund sein eigenes Lager und Futtergeschirr; beides ist peinlich sauber. Der Hund wird so erzogen, dass er das Gesicht nicht ableckt. Das Belecken der Hände ist

Ausdruck seiner Zuneigung. Man darf sie dulden, denn man kann sich die Hände anschließend waschen. Vorsichtige können Lager, Hütte und andere hygienegefährdete Stellen und Gegenstände regelmäßig desinfizieren. Die Mittel sollen gegen Viren, Bakterien und Pilze wirken. Zur Schnelldesinfektion eignet sich besonders ein Spray, das auch Ektoparasiten abtötet.

Besonders angezeigt sind solche Maßnahmen, wenn der Hund eiternde Wunden, Ekzeme, Furunkel oder eine Vorhaut-, Zahnfleisch- oder Mandelentzündung hat. Diese Infektionen sind konsequent zu behandeln. Eitererreger können auch beim Menschen Komplikationen verursachen. Vorsicht ist stets bei schlecht heilenden oder sich ausbreitenden Ekzemen geboten: Räudemilben sind zwar auf Tierarten „spezialisiert“, können jedoch auch beim Menschen juckende Hautrötungen verursachen. Hautpilzinfektionen sind auf Menschen übertragbar. Daher sollte man umgehend eine Spezialuntersuchung und Behandlung veranlassen. Pilzinfektionen entstehen nur, wenn sich die Erreger länger als 12 bis 24 Stunden auf der menschlichen Haut einnisten können. Gründliches Waschen bannt die Gefahr. Zusätzliche Sicherheit bietet ein Handdesinfektionsmittel, das nach Berührung verdächtiger Stellen oder Ausscheidungen in die Hände eingerieben wird. So wie der Hundebesitzer im eigenen Heim für hygienische Bedingungen sorgt, sollte er auch außerhalb des Hauses auf Sauberkeit achten.

Die **Kotbeseitigung** auf Rasenflächen, Wegen und Straßen sollte für den Hundehalter, besonders in der Stadt, inzwischen zu einer Selbstverständlichkeit geworden sein. Erleichtert wird dieses Bemühen durch praktische, im Heimtierbedarf erhältliche Beutel, mit denen der Kot leicht eingesammelt und entsorgt werden kann.

Allergien sind auch durch größte Sauberkeit nicht immer zu vermeiden. Einige Menschen reagieren bei Kontakt mit Tierhaaren und -hautteilen mit Ausschlägen oder Atembeschwerden.

Katzen, Meerschweinchen und Vögel sind viel öfter als Hunde die

Auslöser; viele andere pflanzliche und tierische Stoffe kommen hinzu. Die Allergieursache kann von einem Hautarzt durch Spezialtests auf der Haut ermittelt werden. Auf Verdacht braucht also kein Hund abgeschafft zu werden. Und vor der Anschaffung eines Welsh Terriers brauchen auch gesundheitsbewusste Hundefreunde nicht zurückzuschrecken.

Der Welsh Terrier im Alter

Als der Welsh Terrier noch klein war, hat er durch jugendliche Fröhlichkeit und neugierige Anhänglichkeit seiner Umgebung Frohsinn und glückliche Stunden gebracht. Über viele Jahre war er dann ein guter Freund und ein treuer Begleiter.

Niemand hat bemerkt, wie die Jahre vergingen, und immer noch ist der Welsh Terrier der „Alte". Zehn Jahre und länger kann er sich seine Aktivität und sein ausgeglichenes Wesen erhalten. Sicher gibt es Unterschiede von Hund zu Hund, aber die Hunde dieser urwüchsigen Rasse können bei guter Pflege, guter Ernährung und artgerechter Haltung sehr alt werden. Die gängige Umrechnungsformel, die ein Hundejahr pauschal sieben Menschenjahren gleichsetzt, ist bei kleinwüchsigen Rassen nicht anzuwenden. Nach den aktuellen Stand der veterinärmedizinischen Erkenntnis entspricht hier das erste Hundejahr 15 Menschenjahren, das zweite Hundejahr 9 Menschenjahren und jedes weitere Hundejahr 4 Menschenjahren.

Wichtiger als solche schematischen Berechnungen ist aber das seelische Wohlbefinden des Welsh Terriers, zu dem die Atmosphäre in seiner Umwelt, die Liebe der Menschen und der Kontakt zu Artgenossen wesentlich beiträgt.

Im Alter braucht der Welsh Terrier natürlich besondere Zuwendung. Die Anforderungen an seine Leistungsfähigkeit sollten nicht mehr so hoch gesteckt werden. Ruhepausen und viel Schlaf sowie eine altersgerechte Fütterung steigern sein Wohlbefinden. Dadurch ist er immer noch für eine Überraschung gut und wird sich noch oft als Terrier beweisen können.

Stellen sich im hohen Alter sogenannte Altersgebrechen, wie das Nachlassen des Gehörs und der Sehkraft ein, so ist dann doch etwas mehr altersgerechte Haltung und regelmäßige ärztliche Kontrolle nötig, um Schlimmeres zu verhindern.

Der Welsh Terrier ist in seiner gewohnten Umgebung, in der er liebevolle Zuwendung bekommt, im Alter bis zu seinem Ende am besten aufgehoben. Niemals sollte er das Gefühl haben, alleine zu sein, auch nicht in seiner letzten Stunde.

Welsh im Alter

Points.

Allgemeine Erscheinung	10
Kopf	7,5
Schnauze	7,5
Augen	5
Ohren	5
Hals	5
Brust	5
Rumpf	15
Ruthe	2,5
Läufe und Pfoten	10
Behaarung	15
Farbe	2,5
Grösse	10
	100

13. Der Welsh Terrier

oder drahthaarige englische Black and tan Terrier.

1. Kopf. Der Oberkopf flach und zwischen den Ohren etwas breiter als beim drahthaarigen Foxterrier. Die Schnauze kräftig, scharf geschnitten, etwas tiefer und kräftiger (dem ganzen Kopfe einen mehr männlichen Ausdruck verleihend), als gewöhnlich beim Foxterrier der Fall ist, vom Stirnabsatz bis zur Nasenspitze ziemlich lang, die Stirnfurche nicht zu stark ausgesprochen.

2. Ohren. V-förmig, klein, nicht zu dünn, ziemlich hoch angesetzt und dicht an den Wangen anliegend, nach vorn getragen.

3. Augen. Klein, nicht zu tiefliegend, aber auch nicht vorstehend, dunkelbraun, ausdrucksvoll und ausserordentlich scharfblickend.

4. Hals, Brust und Rumpf. Hals mässig lang und stark, leicht gewölbt und in schöner Linie in die langen, schräggestellten und gut zurückliegenden Schultern übergehend. Die Brust sehr tief und mässig breit. Der Rücken kurz und gut aufgerippt, die Lendengegend kräftig.

5. Ruthe. Ziemlich hoch angesetzt, aber nicht zu hoch getragen; gestutzt.

6. Vorderläufe und Pfoten. Vorderläufe gerade und muskulös, mit guten Knochen und geraden starken Fusswurzeln. Pfoten klein, rund und katzenartig.

Welsh Terrier.

7. Hintertheil kräftig, die Keulen muskulös und von guter Länge, die Fusswurzeln stark in den Knochen, gut nach dem Boden und etwas steil gestellt.

8. Behaarung. Drahtig, hart, sehr dicht und reichlich.

9. Farbe. Schwarz mit lohfarben (tan), oder schwarz, grau und lohfarben, keine schwarzen Abzeichen auf den Zehen wie beim glatthaarigen Black and tan Terrier.

10. Grösse. Schulterhöhe für Rüden 38 Centimeter, Hündinnen entsprechend niedriger. 9 Kilogramm sind ein gutes Durchschnittsgewicht für einen Rüden in Arbeitsverfassung, doch kommt es auf ein halbes Kilogramm mehr oder weniger nicht an.

RASSEKENNZEICHEN

DER

HUNDE.

NACH

OFFIZIELLEN FESTSETZUNGEN.

MIT ZAHLREICHEN ABBILDUNGEN.

Points.

Allgemeine Erscheinung	10
Kopf	7,5
Schnauze	7,5
Augen	5
Ohren	5
Hals	5
Brust	5
Rumpf	15
Ruthe	2,5
Läufe und Pfoten	10
Behaarung	15
Farbe	2,5
Grösse	10
	100

13. Der Welsh Terrier
oder drahthaarige englische Black and tan Terrier.

1. Kopf. Der Oberkopf flach und zwischen den Ohren etwas breiter als beim drahthaarigen Foxterrier. Die Schnauze kräftig, scharf geschnitten, etwas tiefer und kräftiger (dem ganzen Kopfe einen mehr männlichen Ausdruck verleihend), als gewöhnlich beim Foxterrier der Fall ist, vom Stirnabsatz bis zur Nasenspitze ziemlich lang, die Stirnfurche nicht zu stark ausgesprochen.

2. Ohren. V-förmig, klein, nicht zu dünn, ziemlich hoch angesetzt und dicht an den Wangen anliegend, nach vorn getragen.

3. Augen. Klein, nicht zu tiefliegend, aber auch nicht vorstehend, dunkelbraun, ausdrucksvoll und ausserordentlich scharfblickend.

4. Hals, Brust und Rumpf. Hals mässig lang und stark, leicht gewölbt und in schöner Linie in die langen, schräggestellten und gut zurückliegenden Schultern übergehend. Die Brust sehr tief und mässig breit. Der Rücken kurz und gut aufgerippt, die Lendengegend kräftig.

5. Ruthe. Ziemlich hoch angesetzt, aber nicht zu hoch getragen; gestutzt.

6. Vorderläufe und Pfoten. Vorderläufe gerade und muskulös, mit guten Knochen und geraden starken Fusswurzeln. Pfoten klein, rund und katzenartig.

Welsh Terrier.

7. Hintertheil kräftig, die Keulen muskulös und von guter Länge, die Fusswurzeln stark in den Knochen, gut nach dem Boden und etwas steil gestellt.

8. Behaarung. Drahtig, hart, sehr dicht und reichlich.

9. Farbe. Schwarz mit lohfarben (tan), oder schwarz, grau und lohfarben, keine schwarzen Abzeichen auf den Zehen wie beim glatthaarigen Black and tan Terrier.

10. Grösse. Schulterhöhe für Rüden 38 Centimeter, Hündinnen entsprechend niedriger. 9 Kilogramm sind ein gutes Durchschnittsgewicht für einen Rüden in Arbeitsverfassung, doch kommt es auf ein halbes Kilogramm mehr oder weniger nicht an.

RASSEKENNZEICHEN
DER
HUNDE.

NACH
OFFIZIELLEN FESTSETZUNGEN.

MIT ZAHLREICHEN ABBILDUNGEN.